Mes cahiers ateliers

Montessori

Spécial

mathématiques

Activités conçues par Delphine Urvoy,
professeur des écoles

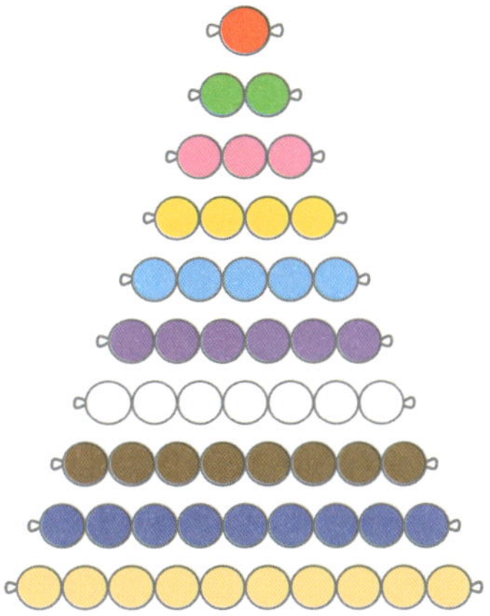

LAROUSSE

Crédits photographiques :
Fotolia.com © : Alain Besancon ; Andrii Symonenko ; axsimen ; ayayasinskaya ; barberry ; blueringmedia ; brgfx ; Dashikka ; djvstock ; euichul ; fireflamenco ; galkinkirill ; Hein Nouwens ; ianakauri ; imgstock ; Inkley ; JJAVA ; juliars ; KlaraD ; lilam8 ; lilu330 ; logistock ; macrovector ; makc76 ; marishayu ; matias-delcarmine ; mejn ; mything ; ngvozdeva ; oleg525 ; pandavector ; pinipin ; puaypuayzaa ; robu_s ; setory ; Sonulkaster ; studioworkstock ; Sunflower ; Sunny_nsk ; topvectors ; Vector Tradition SM ; vil1605 ; ylivdesign.

Direction de la publication : Carine Girac-Marinier
Direction éditoriale : Claude Nimmo
Direction éditoriale adjointe : Julie Pelpel-Moulian
Édition : Léa Combasteix
Direction artistique : Uli Meindl
Réalisation graphique : CB Defretin
Fabrication : Marlène Delbeken

ISBN : 978-2-03-594700-0

Préface

Maria Montessori était convaincue que l'enfant possède dès son plus jeune âge un « esprit mathématique », une capacité à organiser, classifier, sérier et quantifier son vécu. Cet ouvrage a donc pour objectif de développer et d'affiner ces perceptions à travers diverses activités.

Au fil de l'ouvrage, un parcours sensoriel, notamment grâce aux outils à découper ou à construire, est proposé à votre enfant. Ce matériel à manipuler qui se situe en fin d'ouvrage va lui permettre de vivre de manière palpable les nouveaux concepts et de préparer ainsi efficacement son esprit à l'abstraction. Certains matériels seront utilisés plusieurs fois, à divers moments, et à des fins différentes.

Structurer sa pensée

La première partie de l'ouvrage est une immersion dans la vie sensorielle. Vous trouverez des activités autour des couleurs, des formes, des dimensions et des contrastes, avec notamment des activités de tri et d'orientation, et des gradations qui permettront d'affiner la capacité de discrimination visuelle de votre enfant, et donc de développer son esprit logique. Il va ainsi mettre en action ses sens à travers l'observation, la manipulation, la réflexion, le jugement, la déduction, ce qui va lui permettre, entre autres, de construire sa représentation du monde.

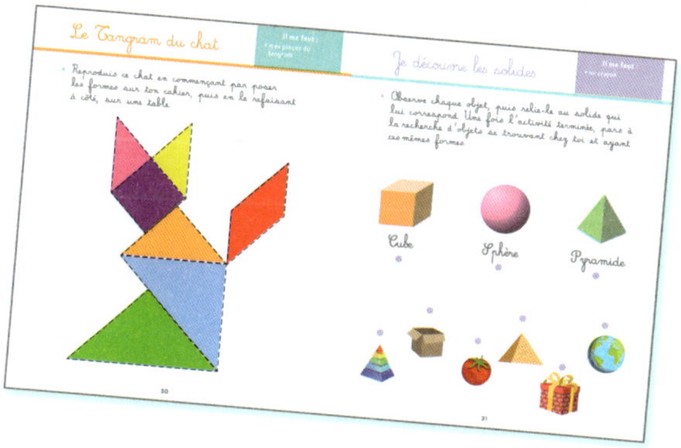

Compter et calculer

Le matériel

Après avoir développé son esprit logique, votre enfant sera prêt à aborder la seconde partie de l'ouvrage consacrée aux nombres et au calcul. La pédagogie Montessori propose une progression rigoureuse qui s'appuie sur un matériel simple ciblant clairement un objectif et une difficulté à la fois.

Ainsi, sur le chemin de la découverte, votre enfant commencera par découvrir les chiffres, puis les barres numériques, les fuseaux et les jetons. Viendront ensuite les perles colorées, les tables de Seguin, les perles dorées et la table d'addition à bandes.

Afin de vous accompagner au mieux, vous trouverez des explications vous permettant de vous approprier le matériel et d'aborder sa présentation. Nous vous conseillons de découper vous-même en amont le matériel cartonné afin que tout soit prêt et disponible au moment de la présentation à votre enfant.

La leçon en 3 temps

En plus du matériel mis à la disposition de votre enfant, et pour faciliter l'apprentissage du nouveau vocabulaire que vous allez lui présenter, nous vous conseillons de recourir à la leçon en 3 temps.

La leçon en 3 temps est avant tout une transmission où la qualité de la relation et de l'interaction entre votre enfant et vous est déterminante. Elle s'étale sur plusieurs jours et ne se concentre que sur trois nouveaux éléments (quatre au maximum). L'objectif de cette démarche est de ne pas surcharger la mémoire et de conserver l'attention du jeune apprenant. La leçon en 3 temps repose sur la démarche suivante :

- Le 1er temps est celui de la connaissance : « C'est ... » Vous présentez l'objet, le concept, en le nommant, avant de demander à votre enfant de répéter. Vous présentez le nouveau vocabulaire et l'objet avec exactitude. Et votre enfant utilise les mots justes.
- Le 2e temps est celui de la reconnaissance : « Montre-moi. » C'est le temps le plus long ; celui qui nécessitera le plus de patience et de répétition. Vous demandez à votre enfant de montrer l'objet. C'est l'occasion de revoir le vocabulaire et de renforcer son acquisition et sa mémorisation.
- Le 3e temps est celui de la vérification : « Qu'est-ce que c'est ? » Vous demandez à votre enfant de nommer et de montrer l'objet. C'est le moment où il vérifie l'assimilation parfaite du vocabulaire, condition indispensable pour qu'il puisse transposer le vocabulaire dans un autre contexte.

Pour Maria Montessori, l'adulte est un éducateur au sens étymologique du terme. Avec patience et bienveillance, c'est à lui de conduire l'enfant vers l'épanouissement et de favoriser son développement personnel en lui proposant des expériences riches et révélatrices, car « l'enfant n'est pas un vase que l'on remplit, mais une source que l'on laisse jaillir ».

Delphine Urvoy

Professeur des écoles

Sommaire

Compter et calculer 35

Le matériel à découper 67

Structurer sa pensée

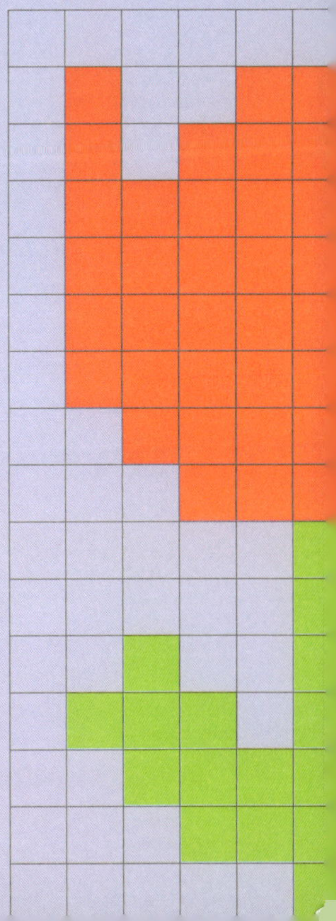

Les dégradés de couleurs

Il me faut :
- mes carrés de couleur

- Trie tes cartes par couleurs, puis dispose-les de la plus foncée à la plus claire.
  Retourne-les pour vérifier si tu as réussi l'exercice : la carte 1 correspond à la plus foncée et la 4 à la plus claire.

rouge: 4 3 2 1

bleu: 4 3 2 1

noir: 1 2 3 4

jaune: 1 2 3 4

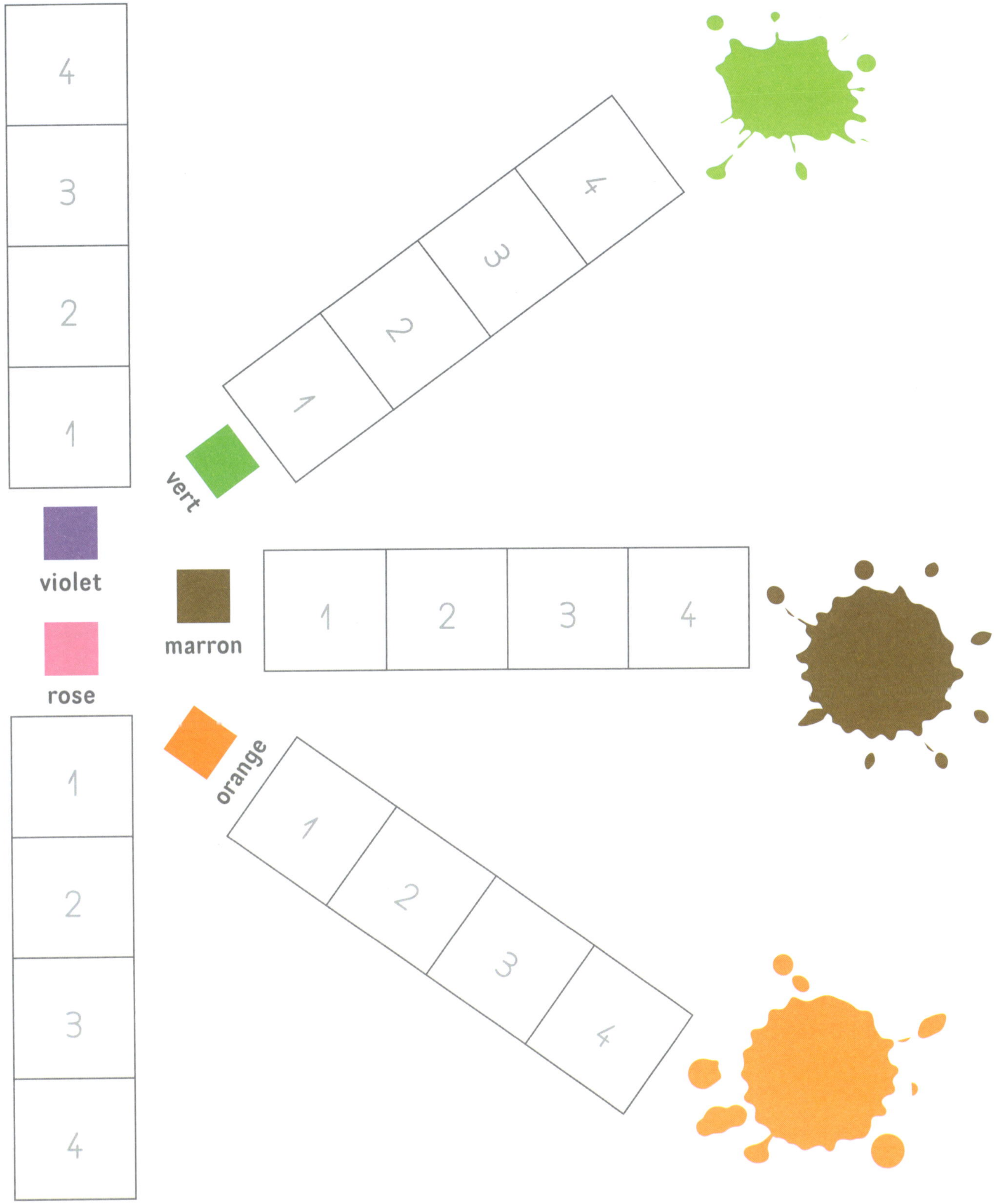
4
3
2
1
violet
rose
1
2
3
4
vert
1
2
3
4
marron
1
2
3
4
orange
1
2
3
4

Les familles de couleurs

Il me faut :

- mes étiquettes « Les familles de couleurs »

- Trie les étiquettes par couleurs, puis range-les dans les cadres : les images violettes dans le cadre violet, etc.

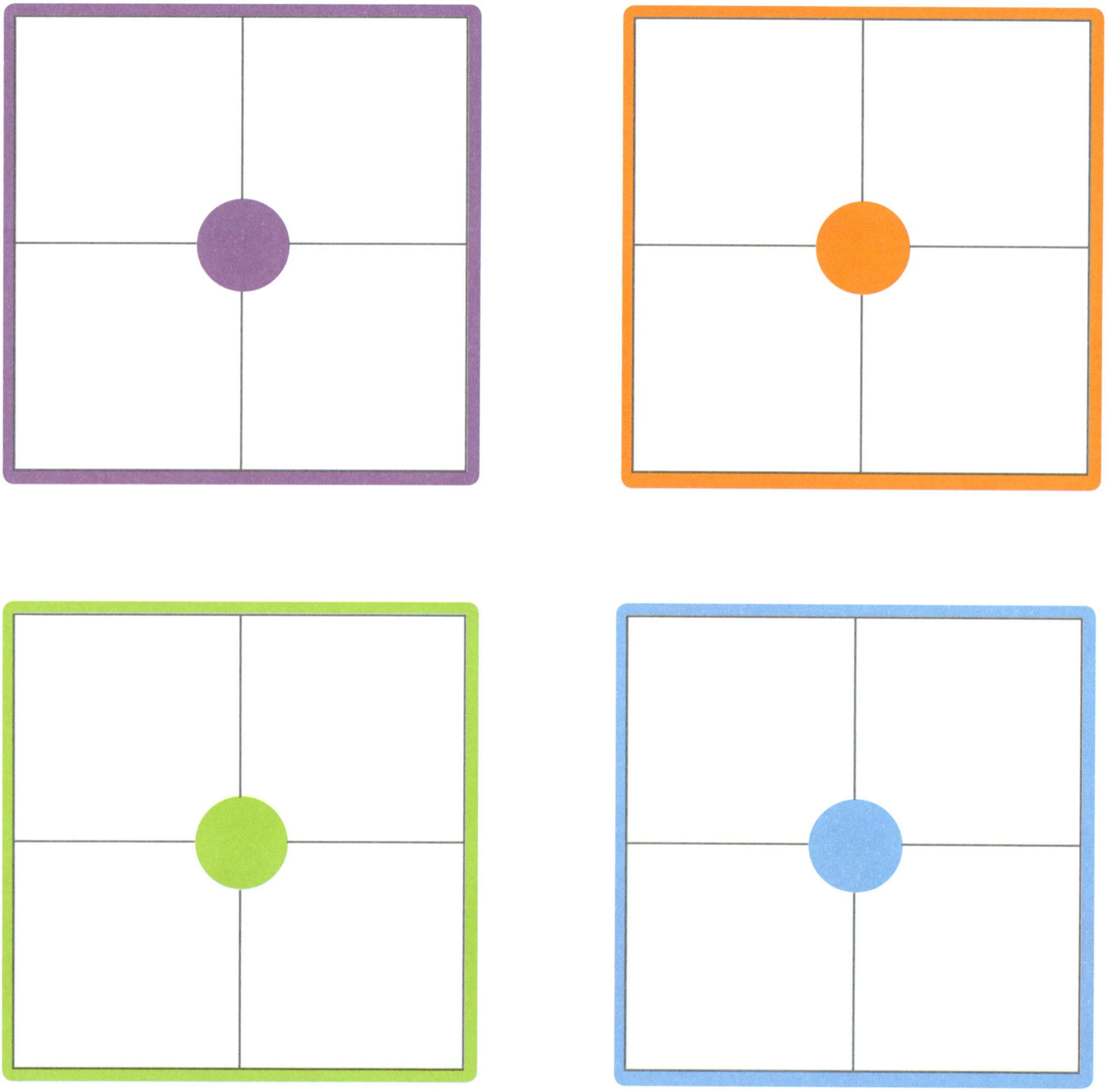

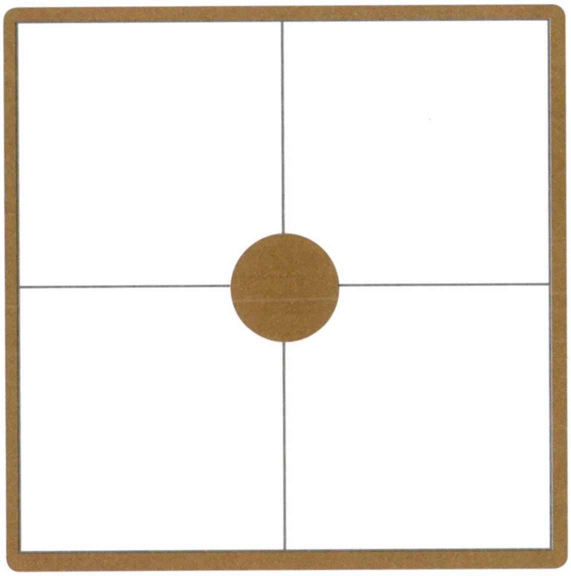

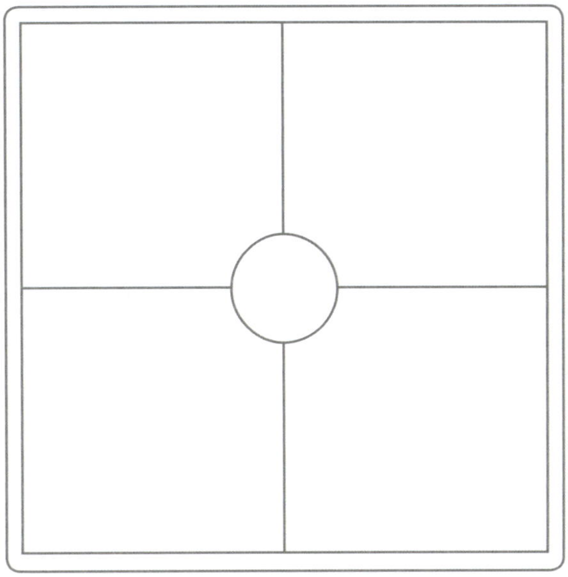

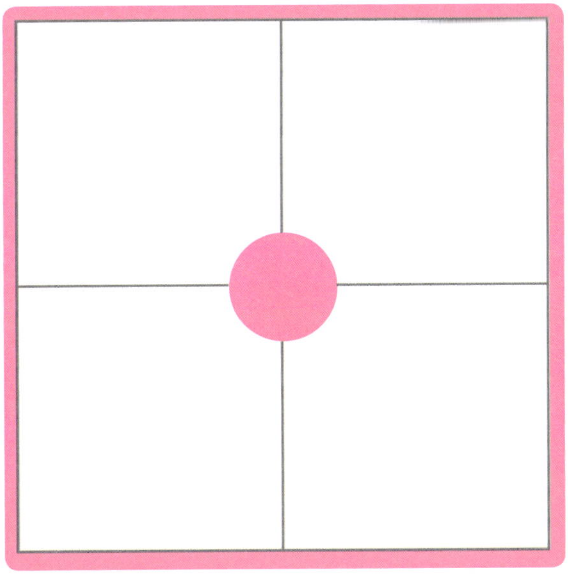

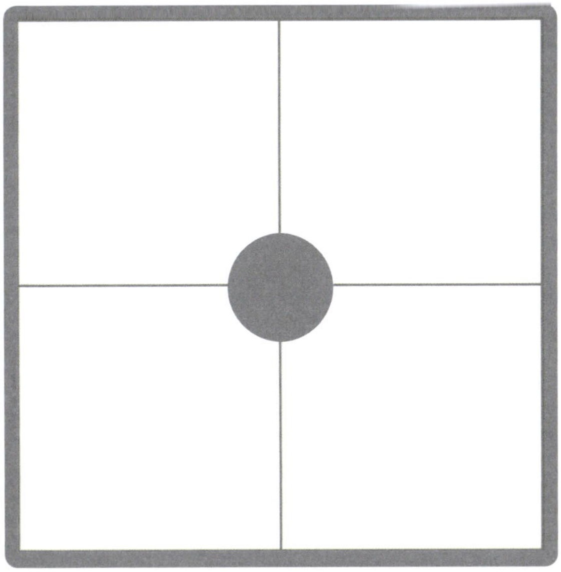

Les mélanges de couleurs

Il me faut :
- de la peinture et un pinceau

- Quelle couleur obtient-on en mélangeant deux couleurs ? Tu le sauras en faisant toi-même ces mélanges de peinture sur ton cahier. Attention, utilise des petites quantités de peinture.

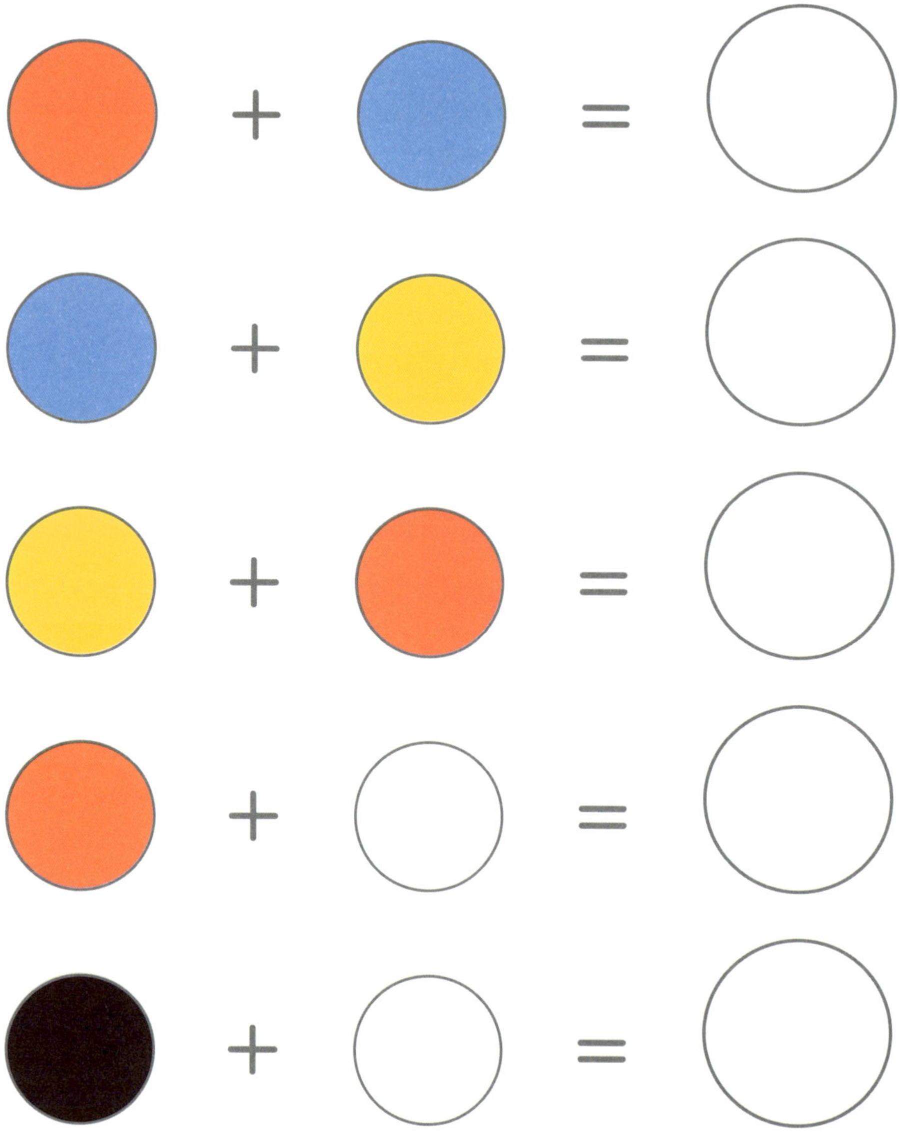

Le sudoku des couleurs

Il me faut :

- mes carrés jaune, orange, bleu et vert

- Complète les cases de ce sudoku avec tes carrés de couleur : chaque colonne, chaque ligne et chaque carré gris doit contenir chacune des quatre couleurs : orange, jaune, vert et bleu.

Rond, triangle ou carré ?

Il me faut :

- mes formes géométriques

- Trie tes formes géométriques en les posant au fur et à mesure sur la forme qui leur correspond.

Rond

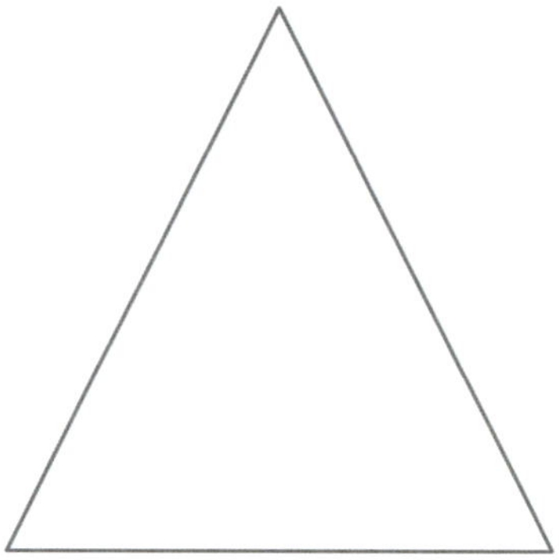

Triangle

Carré

Je trie par tailles

Il me faut :
- mes formes géométriques

- Trie les ronds, les carrés et les triangles, puis range-les du plus grand au plus petit.

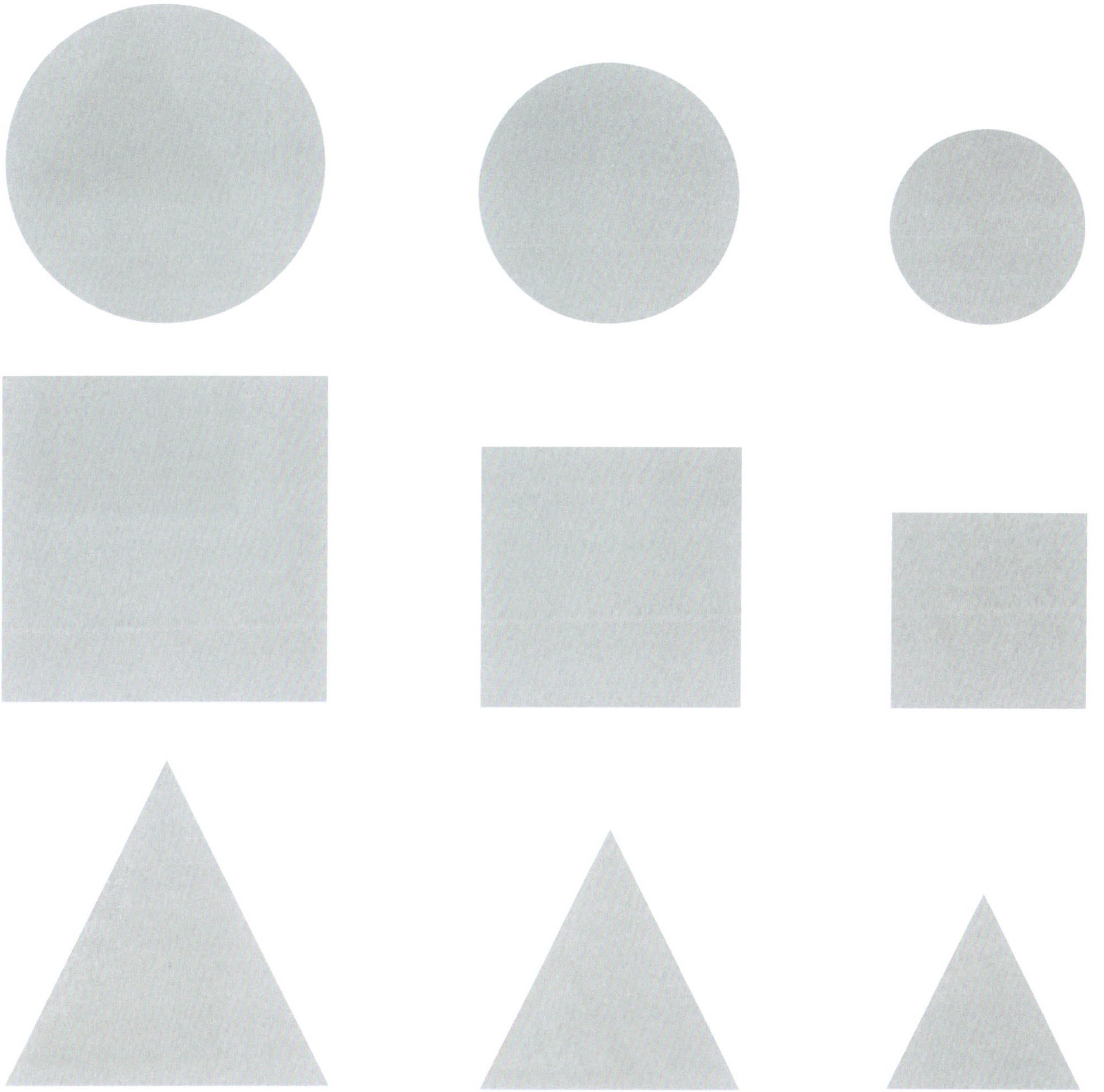

À la rencontre des formes

Il me faut :

- trois crayons : un rouge, un bleu et un vert

- Quelle est la forme de ces objets ? Entoure en rouge les carrés, en bleu les ronds et en vert les triangles.

J'empile mes formes

Il me faut :

- mes formes géométriques

- Trie tes formes géométriques par couleurs, puis superpose-les en les centrant de la plus grande à la plus petite.

Le tableau des ronds

Il me faut :
- les ronds de mes formes géométriques

- Complète le tableau avec tes ronds en respectant leur taille et leur couleur.

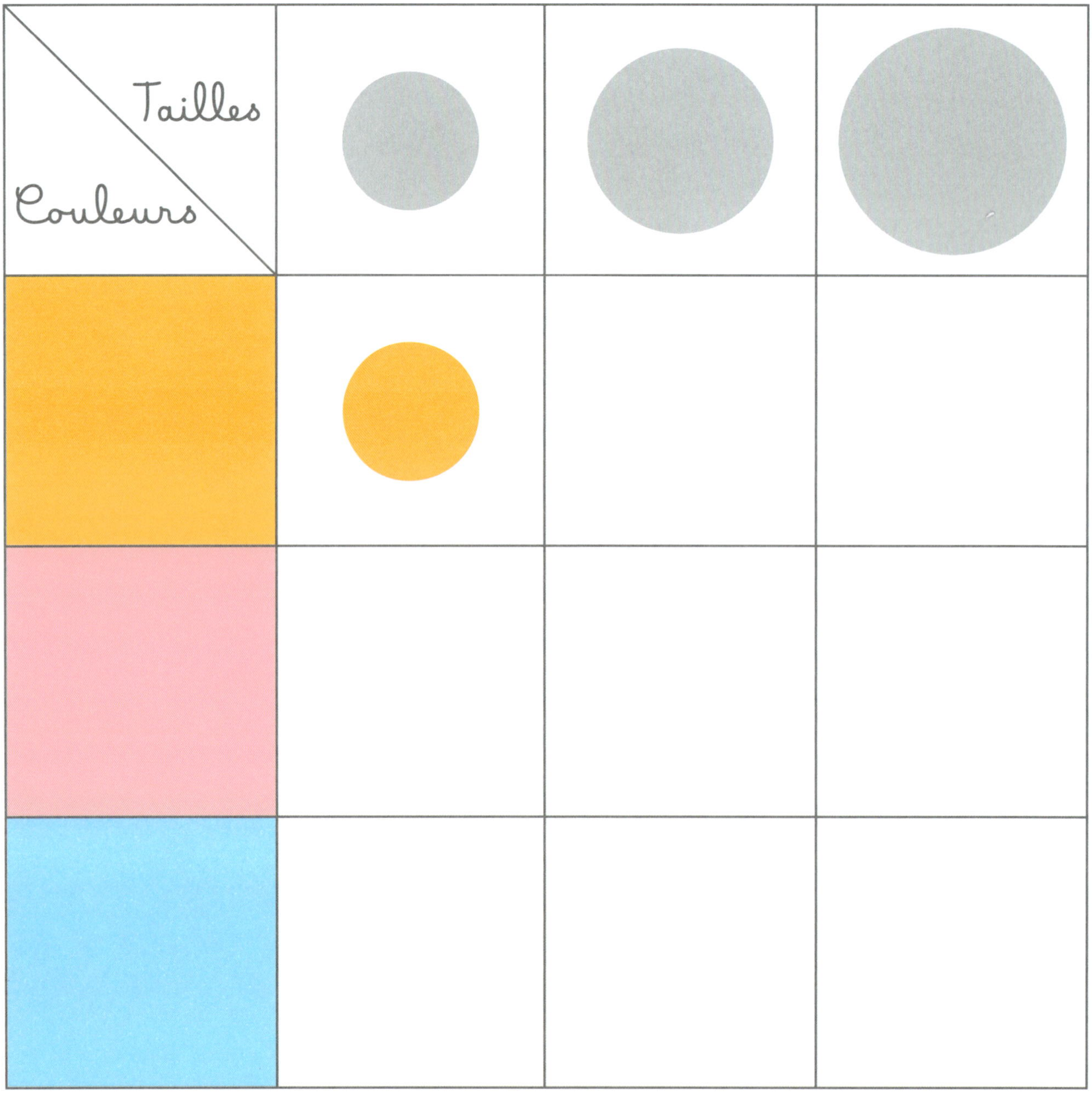

L'orientation

Il me faut :
- mes formes géométriques

- Superpose tes formes géométriques comme sur ces modèles en faisant bien attention à leur taille, leur couleur et leur orientation (vers le haut, vers le bas, etc.).

Le tableau des flèches

Il me faut :
- mes étiquettes « flèches »

- Complète le tableau avec tes flèches en respectant leur couleur et leur orientation.

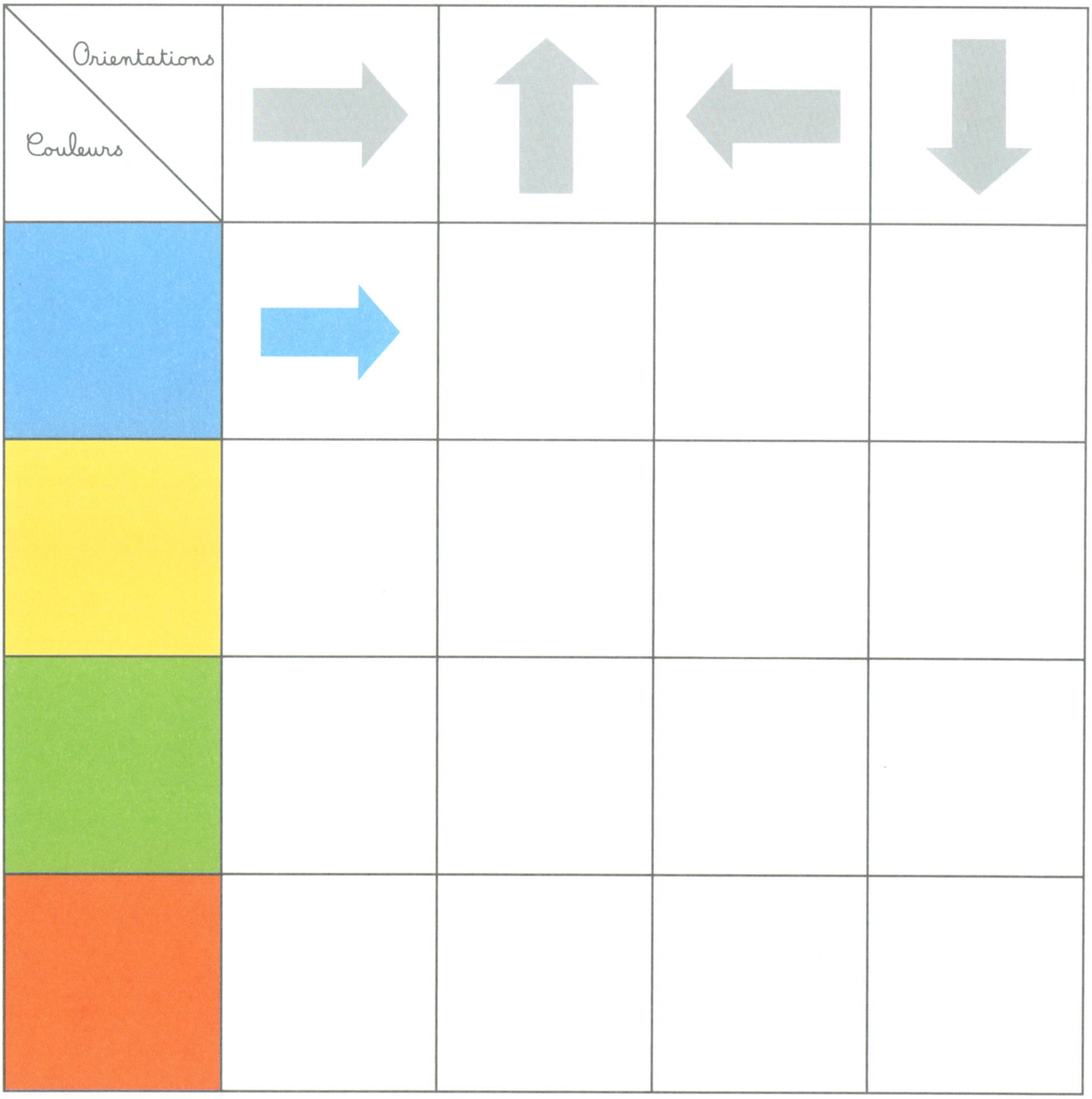

Je superpose mes formes

Il me faut :
- mes formes géométriques

- Superpose tes formes géométriques comme sur ces modèles en faisant bien attention à leur forme, leur taille et leur couleur.

La tour rose centrée

Il me faut :
- mes carrés roses

- Dispose tes carrés roses du plus petit au plus grand en les centrant comme sur ce modèle.

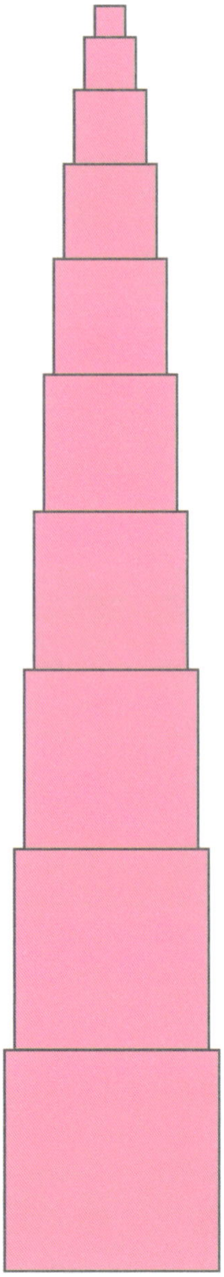

La tour rose alignée

Il me faut :
- mes carrés roses

- Dispose tes carrés roses du plus petit au plus grand en les alignant comme sur ce modèle.

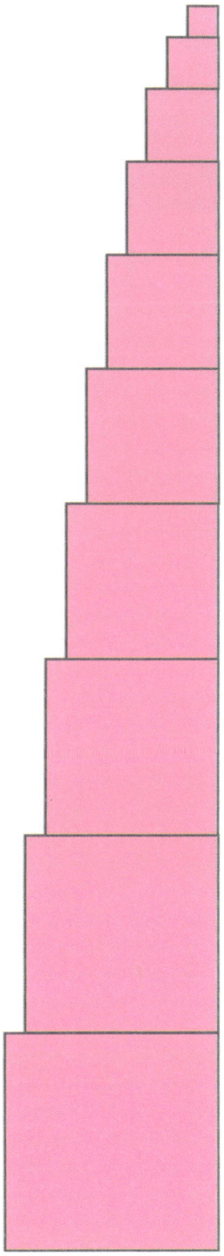

La tour rose alternée

Il me faut :
- mes carrés roses

- Dispose maintenant tes carrés roses du plus petit au plus grand, en les alignant une fois d'un côté, une fois de l'autre, comme sur le modèle.

Le Tangram de la maison

Il me faut :
- mes pièces du Tangram

- Reproduis cette maison en posant tes formes sur ton cahier, puis amuse-toi à la refaire à côté, sur une table.

La pyramide de barres rouges

Il me faut :

- mes barres rouges

- Dispose tes barres rouges de la plus petite à la plus grande en les centrant, comme sur ce modèle.

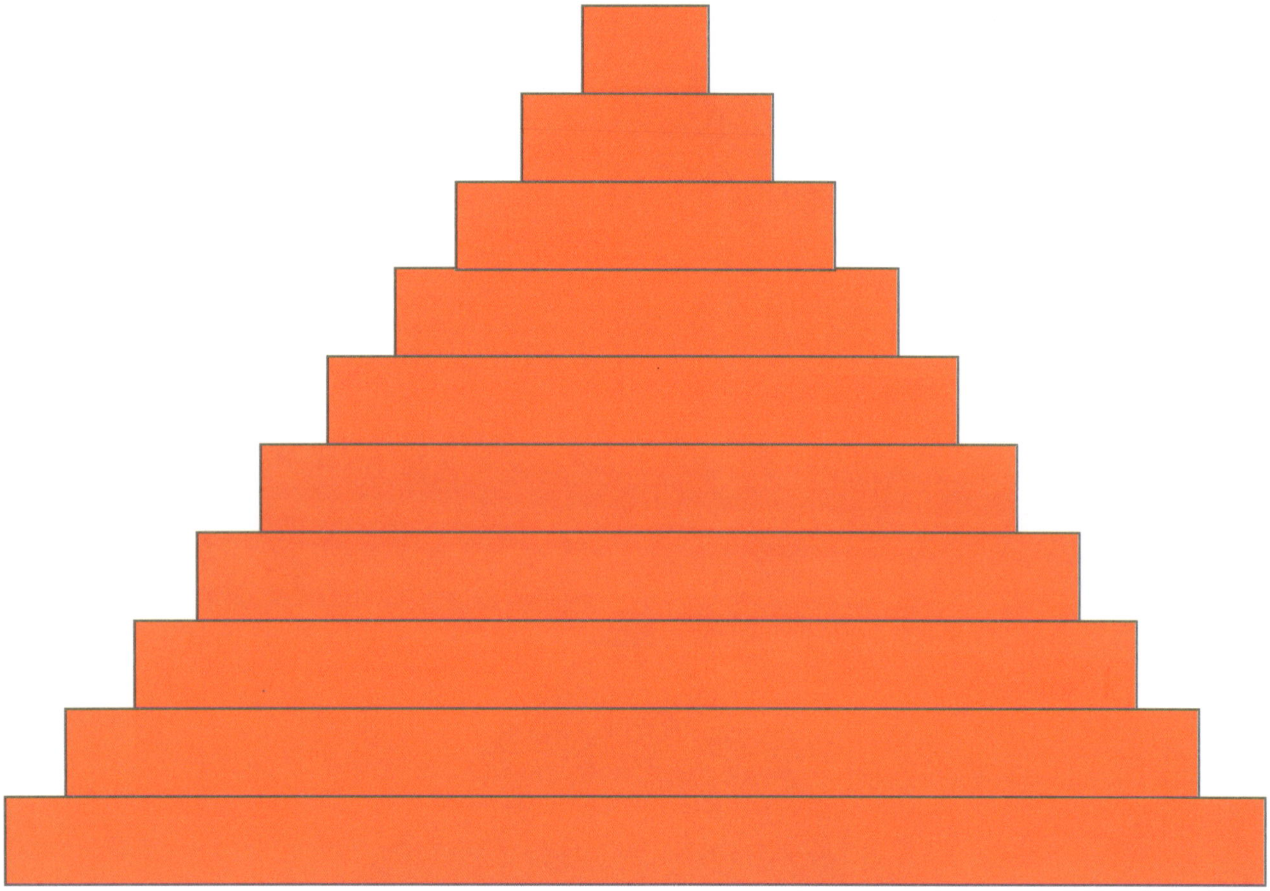

La spirale de barres

Il me faut :
- mes barres rouges

- Dispose tes barres rouges de la plus petite à la plus grande en formant une spirale, comme sur ce modèle.

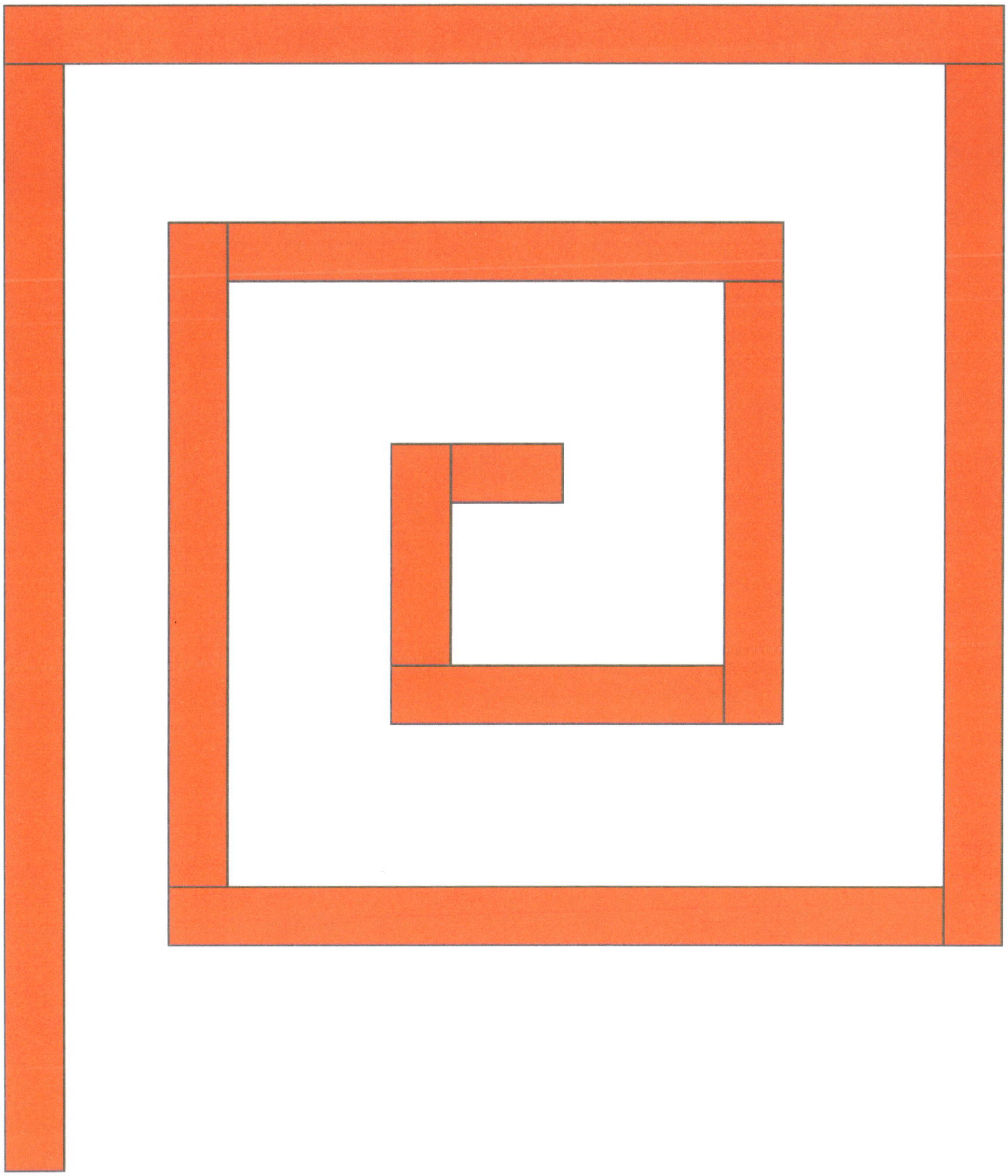

Je trace des formes

Il me faut :
- un crayon

- Trace chacune de ces formes géométriques en suivant les pointillés.

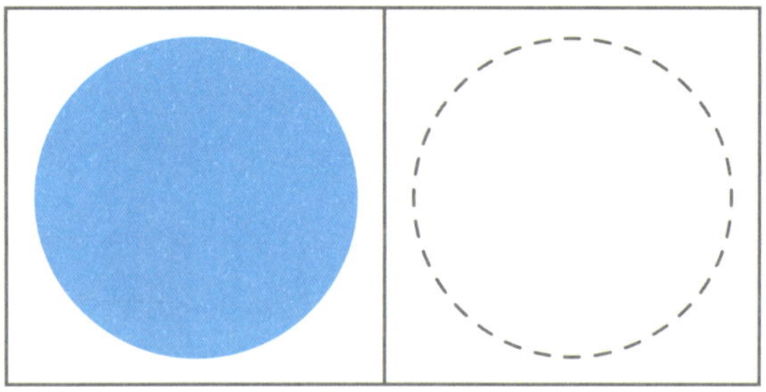

Disque

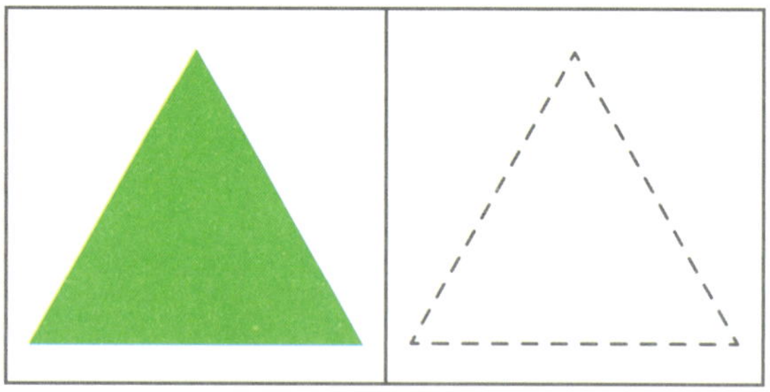

Triangle

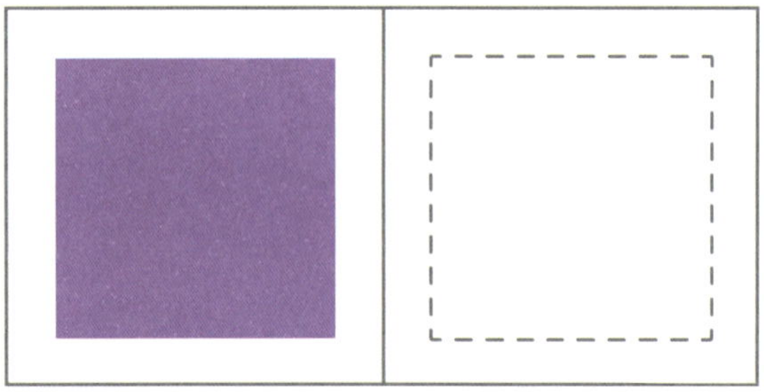

Carré

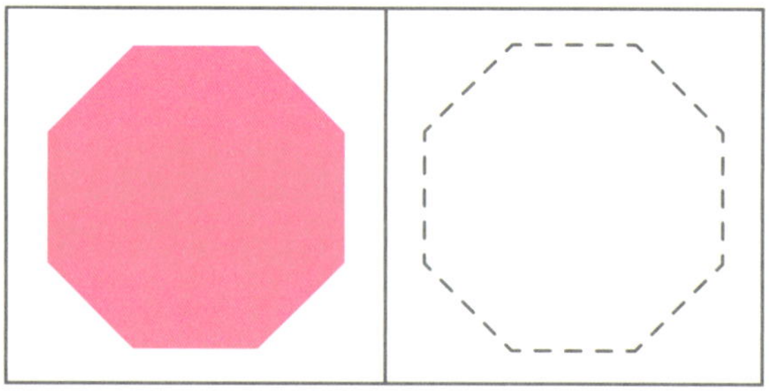

Octogone

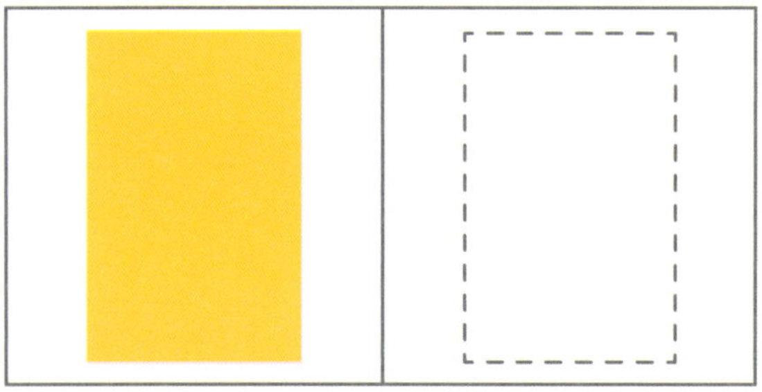

Rectangle

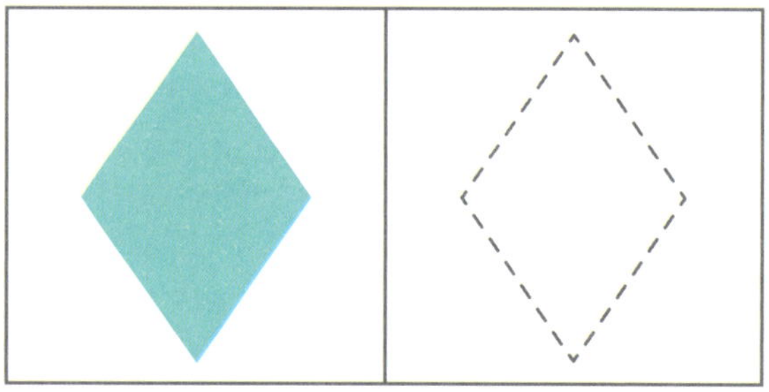

Losange

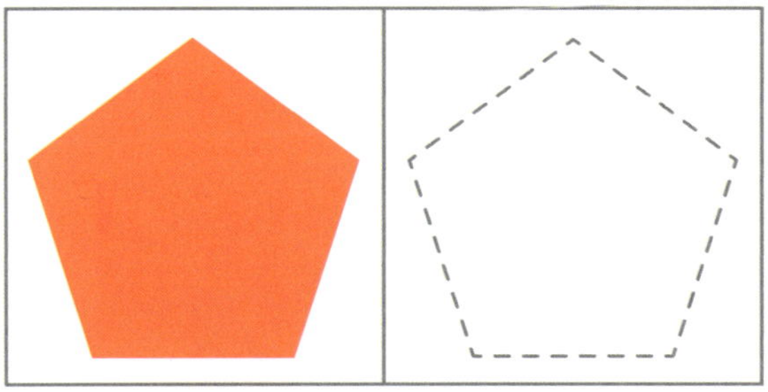

Pentagone

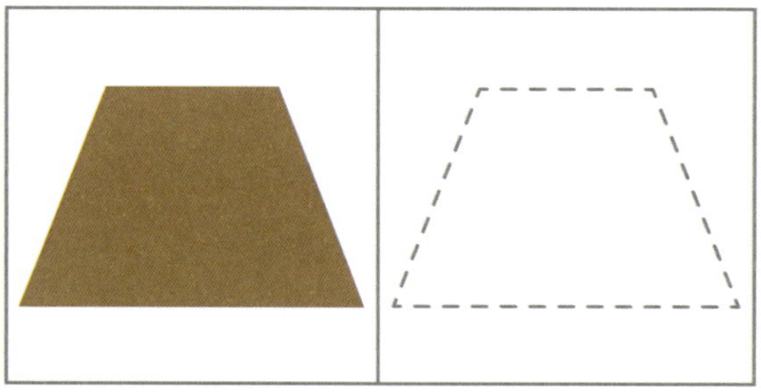

Trapèze

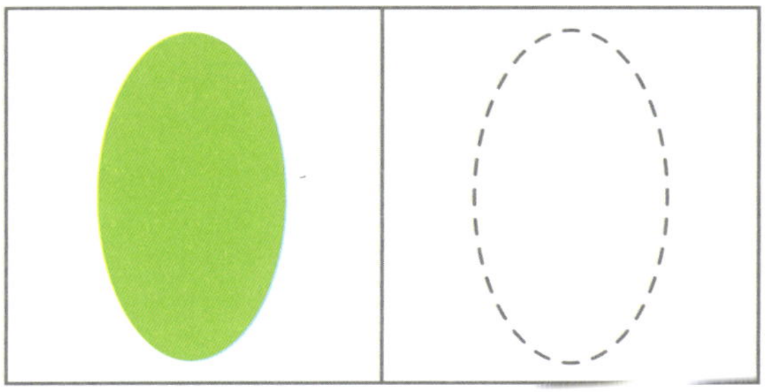

Ellipse

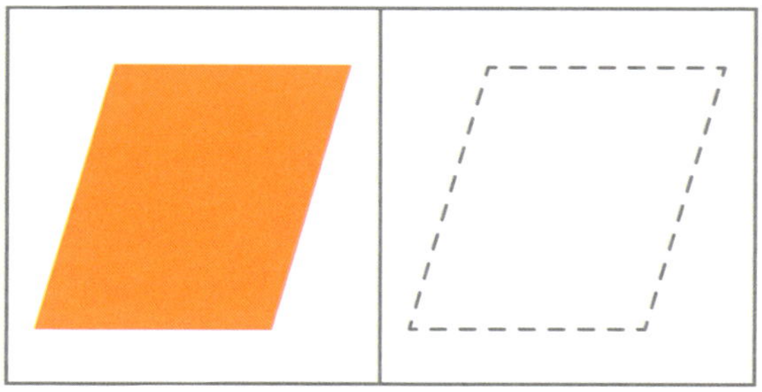

Parallélogramme

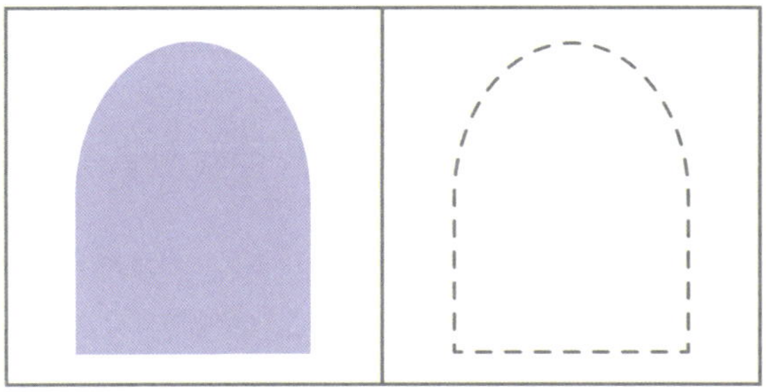

Parabole

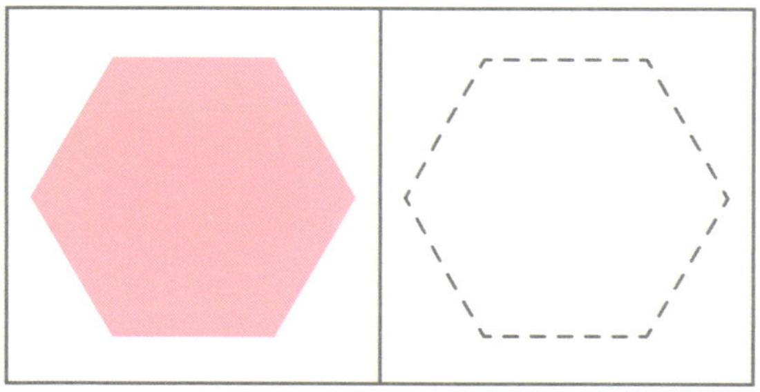

Hexagone

Le Tangram du chat

Il me faut :
- mes pièces du Tangram

- Reproduis ce chat en posant tes formes sur ton cahier, puis amuse-toi à le refaire à côté, sur une table.

Je découvre les solides

Il me faut :
- un crayon

- Observe chaque objet, puis relie-le au solide qui lui correspond. Une fois l'activité terminée, pars à la recherche d'objets se trouvant chez toi et ayant ces mêmes formes.

Cube

Sphère

Pyramide

La tulipe en pixels

Il me faut :

- des crayons de couleur

- Reproduis le côté manquant de ce dessin. Aide-toi du quadrillage et du modèle pour te repérer.

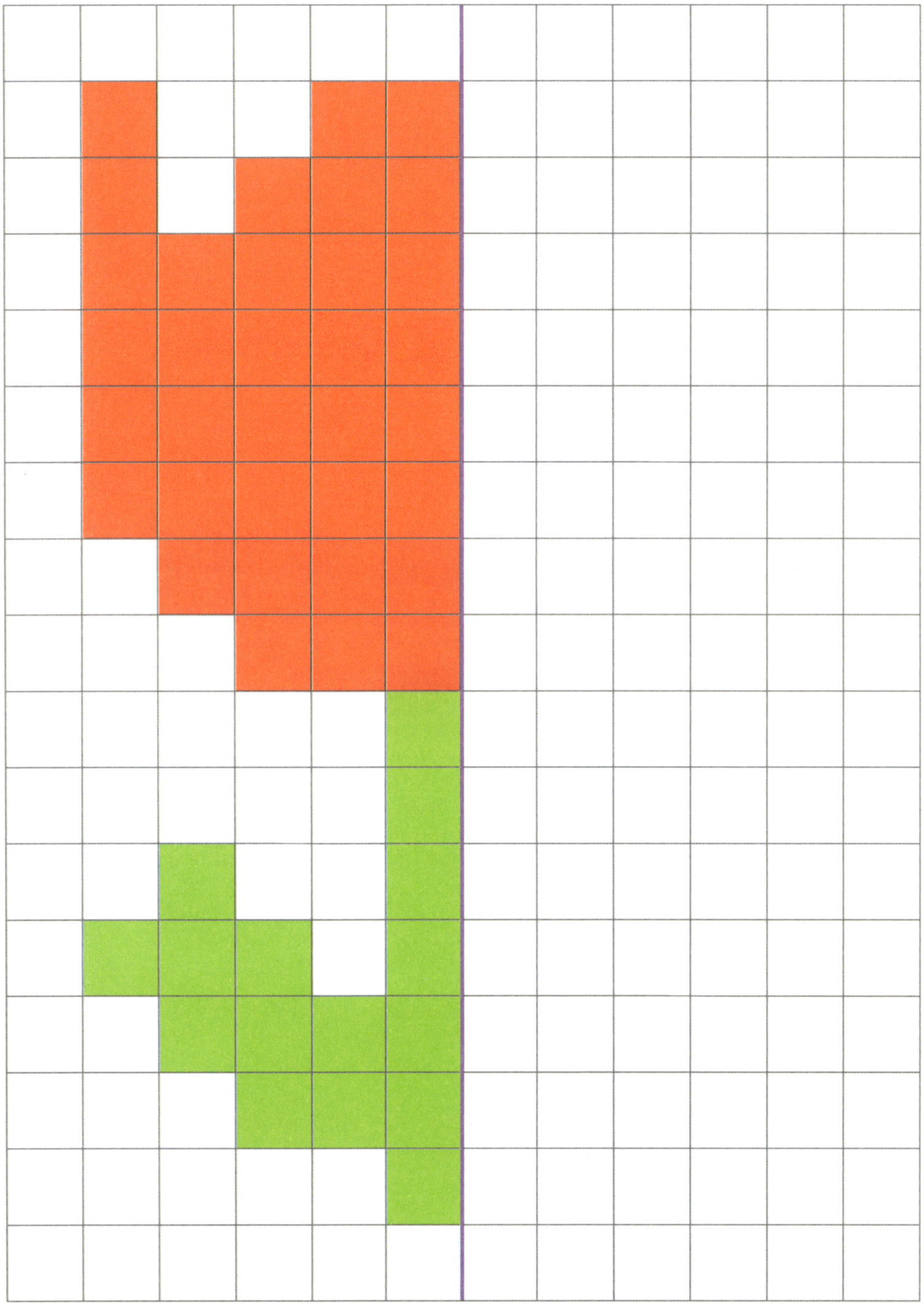

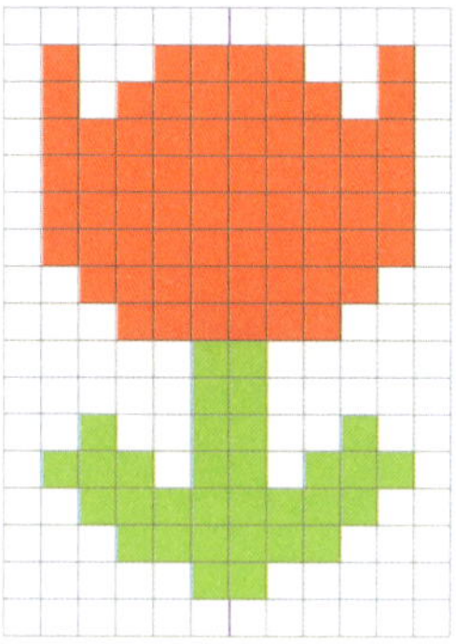

Je découvre la symétrie

Il me faut :
- six crayons : un violet, un orange, un rose, un bleu, un vert et un marron

- Commence par tracer le côté manquant de chacune de ces formes, puis colorie-le.

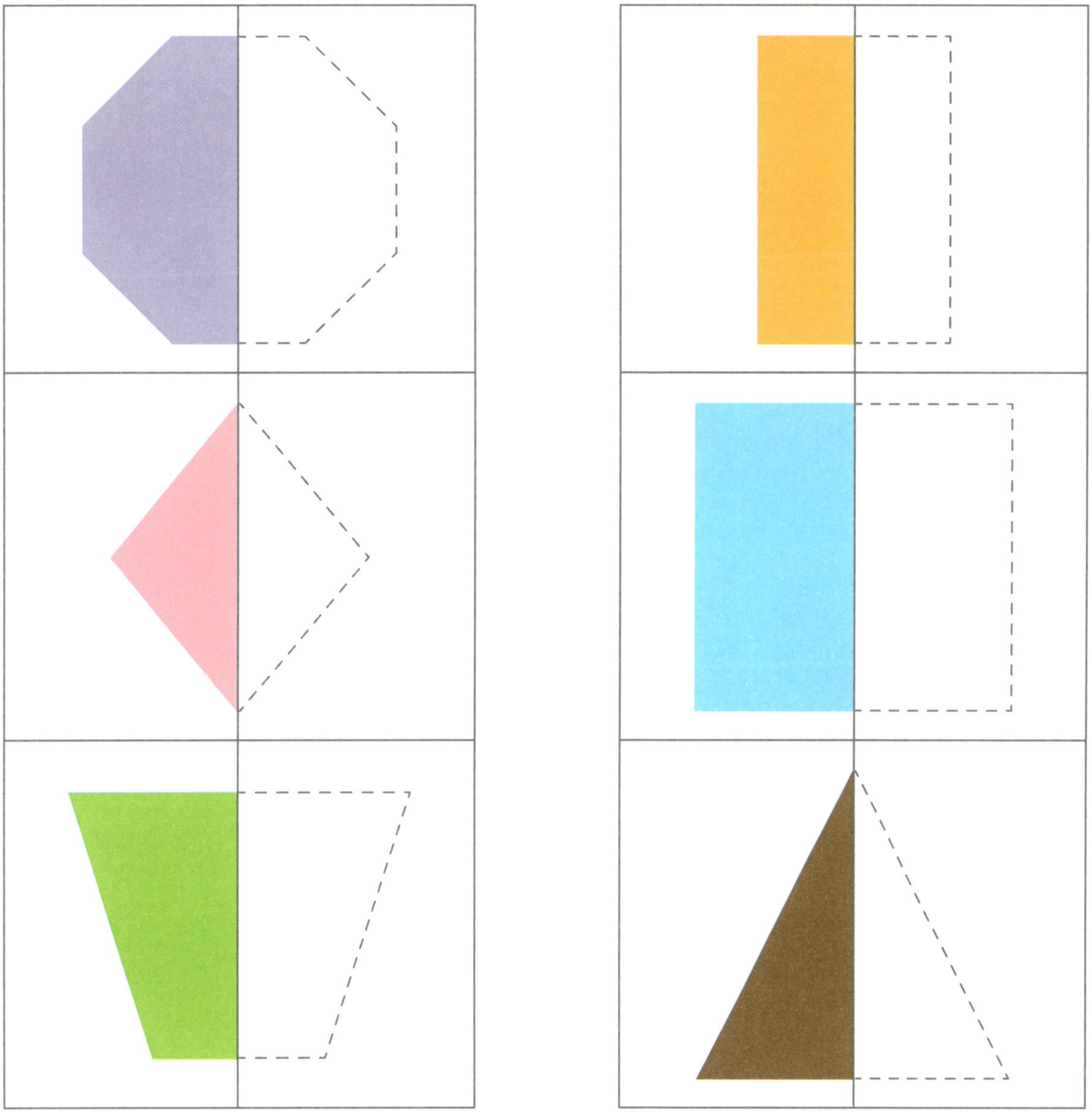

La chouette en pixels

Il me faut :

- des crayons de couleur

- Reproduis le côté manquant de ce dessin. Aide-toi du quadrillage et du modèle pour te repérer.

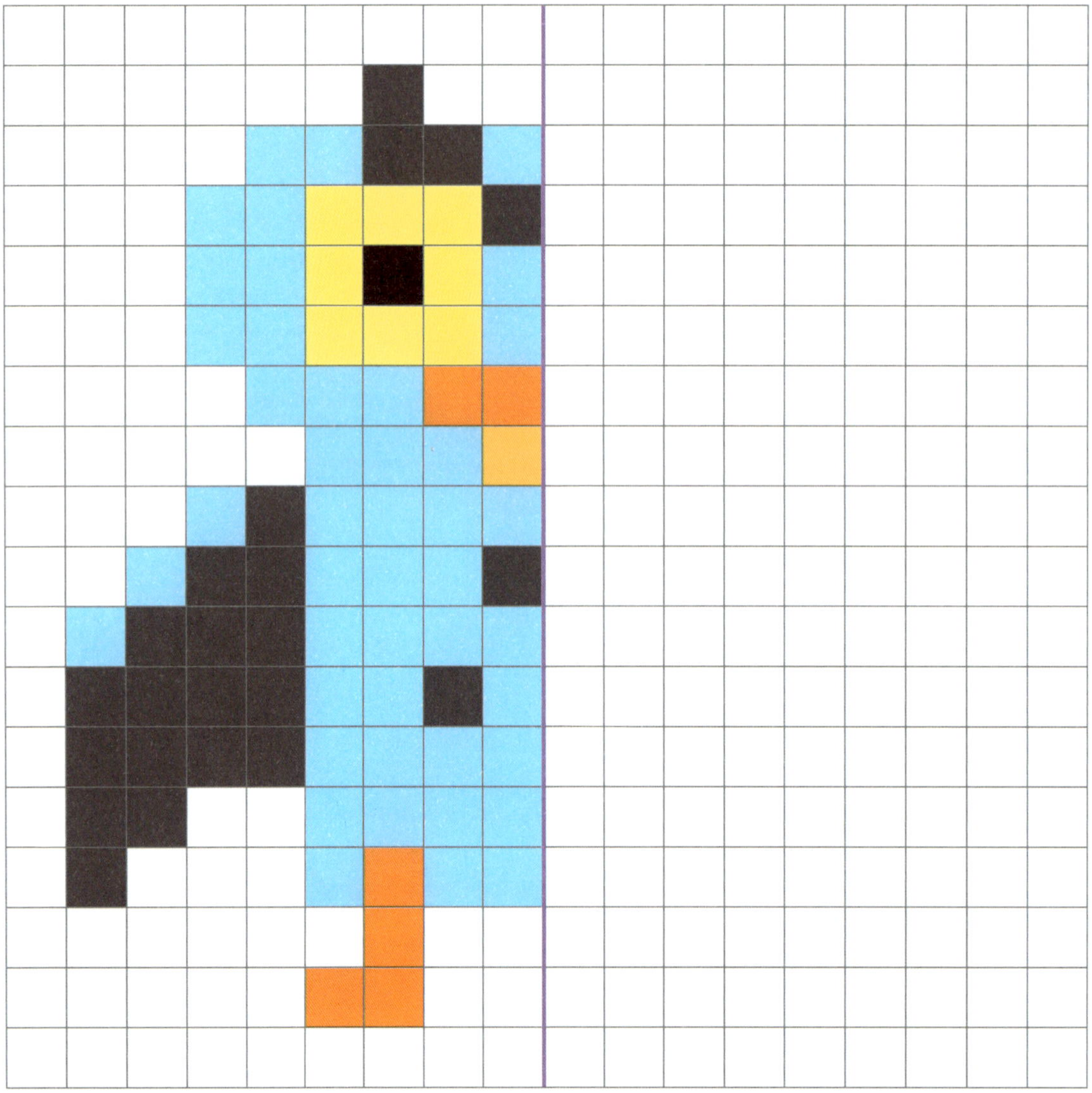

Compter et calculer

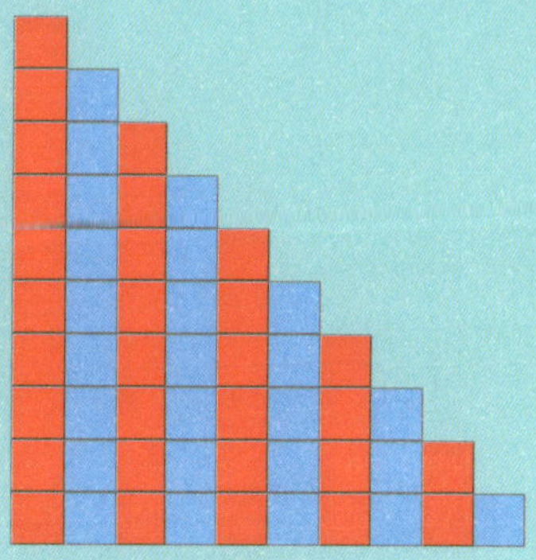

+

Les chiffres rugueux

Le matériel

Pour réaliser les chiffres rugueux, vous aurez besoin d'une matière rugueuse (sucre, semoule fine ou sable) et d'une substance adhésive (colle liquide ou vernis). Pour commencer, découpez les cartes chiffres rugueux que vous trouverez à la fin du cahier. Ensuite, recouvrez l'intérieur des chiffres à l'aide d'une substance adhésive. Saupoudrez de sucre, de semoule ou de sable, puis laissez sécher quelques minutes. Pour finir, enlevez le surplus en retournant la carte au-dessus d'un récipient. Les chiffres rugueux sont maintenant prêts à être utilisés !

• La présentation

Présentez les chiffres trois par trois à votre enfant, sur le principe de la leçon en trois temps décrite ci-dessous, en privilégiant les chiffres aux formes contrastées afin d'en faciliter la mémorisation et d'éviter les confusions : 1/3/6, 2/4/5 et 7/8/9. On introduira le chiffre 0 plus tard, au moment du travail avec les fuseaux.

1er temps

- Avec l'index et le majeur, suivez le tracé du chiffre dans le sens de l'écriture, puis nommez-le. Par exemple, dites : « 1 ». Ensuite, demandez à votre enfant de vous imiter.
- Faites la même chose avec les deux autres chiffres de la série.
- Recommencez autant de fois que vous le jugerez nécessaire.

2e temps

Étalez les trois cartes chiffres travaillés devant votre enfant et demandez-lui : « Montre-moi 1 », « Où est 6 ? », « Montre-moi 3 ».

3e temps

Posez les trois cartes de la série sur la table, désignez-en une du doigt et demandez à votre enfant : « Qu'est-ce que c'est ? » Procédez de même avec les deux autres cartes.

Lorsque vous sentez que votre enfant est prêt, présentez-lui les trois chiffres de la série suivante.

Je trace les chiffres

Il me faut :

- un crayon

- Avec un crayon, trace chaque chiffre. Regarde bien le modèle.

5

6

7

8

9

Les barres numériques rouges et bleues

Le matériel

Les barres numériques correspondent chacune à un nombre. Elles évoluent en longueur, proportionnellement, d'unité en unité. Elles permettent de visualiser les unités qui composent chaque nombre.

• La présentation

1er temps

- Prenez la barre 1 et dites : « 1 ».
- Ensuite, prenez la barre 2 et dites, en posant au fur et à mesure vos doigts sur les unités : « 1, 2 ». Puis balayez la barre avec le bout de vos doigts et dites : « 2 ».
- Procédez de la même façon avec la barre 3.
- Recommencez la présentation de chaque barre si nécessaire.

2e temps

- Positionnez les barres dans l'ordre et dites : « Montre-moi 3 », « Montre-moi 1 », puis : « Montre-moi 2 ».
- Renouvelez ce temps en positionnant les barres dans le désordre.

3e temps

- Isolez une des barres et demandez : « Qu'est-ce que c'est ? »
- Procédez ainsi avec les autres barres.

Prolongements

- Placez les barres sous forme de pyramide, comme sur l'exemple, en veillant à ce que les extrémités rouges soient toutes bien alignées, puis demandez par exemple à votre enfant : « Montre-moi 7 », « Où est 2 ? », « Peux-tu me montrer 5 ? », etc.

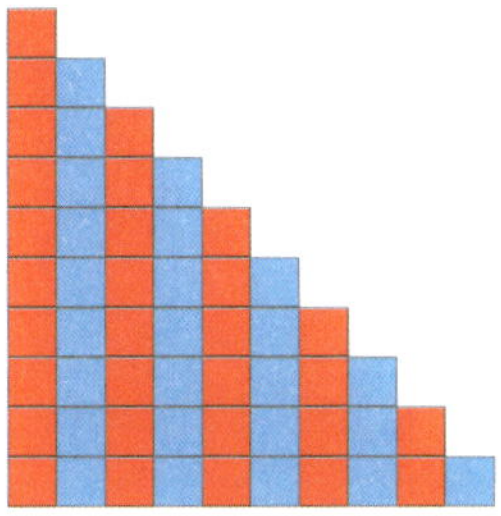

- Disposez les barres dans le désordre. Isolez-en une, puis demandez : « Qu'est-ce que c'est ? » Procédez ainsi avec les autres barres.
- Demandez à votre enfant de ranger ses barres numériques de 1 à 10, de la plus petite à la plus grande. Mélangez-les, puis demandez-lui maintenant de vous donner les barres dans le désordre, de 10 à 1.
- Montrez à votre enfant qu'en prenant la barre 1 et la barre 9, on obtient 10 : « 9 et 1, ça fait 10 ». Faites de même avec la barre 2 et la barre 8, la barre 3 et la barre 7, etc. Ensuite, posez-lui ce type de question : « Que doit-on ajouter à 8 pour faire 10 ? »

Je range mes barres

Il me faut :
- mes barres numériques

- Place face à chaque nombre la barre numérique correspondante.

7	
9	
5	
1	
2	
8	
6	
4	
3	
10	

Je fais 10

Il me faut :
- mes barres numériques

• Place à côté de chaque barre celle qui la complète pour aller jusqu'à 10.

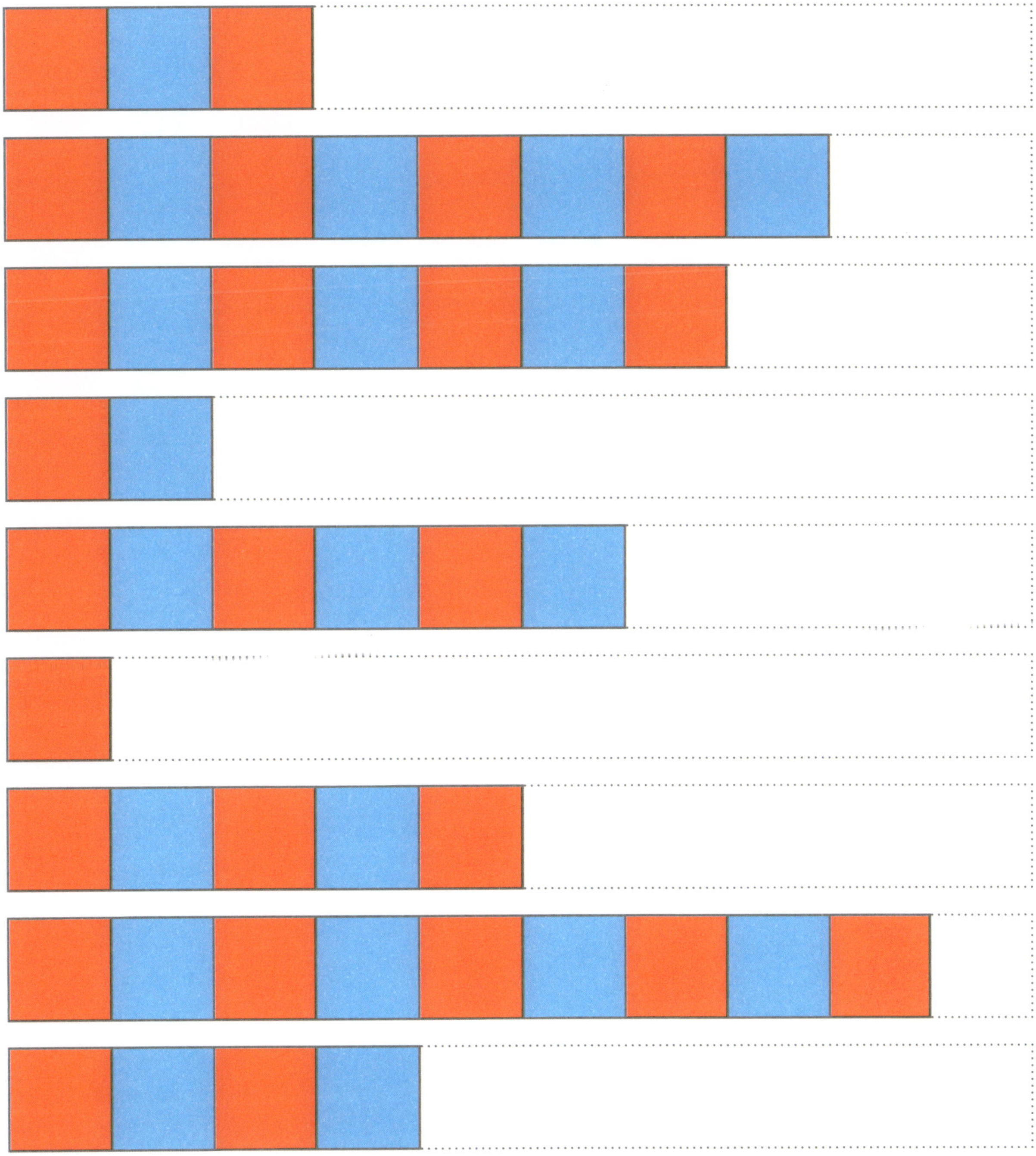

Les fuseaux

Le matériel

Les fuseaux correspondent chacun à une unité. Grâce à eux, votre enfant va découvrir qu'à partir d'unités on peut fabriquer des quantités. Il va également découvrir la notion de 0.

• La présentation

1er temps

Prenez un fuseau et dites : « 1 ». Faites un premier tas. Ensuite, munissez-vous de deux fuseaux et dites : « Un, deux ; c'est 2 ». Faites un deuxième petit tas. Procédez ainsi jusqu'à 9. Pour le 0, dites à votre enfant : « Le 0, c'est rien. On ne met donc rien ».

2e temps

Munissez-vous de cotons-tiges. Il vous en faudra 45 ! Proposez à votre enfant de refaire l'activité précédente, mais cette fois-ci avec des cotons-tiges. Il pourra entourer ces quantités avec un élastique.

Prolongement

Pour cette activité, utilisez la boîte de fuseaux de la page 43. Demandez à votre enfant de lire le chiffre inscrit en haut de chaque colonne, puis d'y placer autant de fuseaux que nécessaire en les superposant. Il reste des fuseaux ? Demandez à votre enfant de recommencer l'activité, il a dû faire une petite erreur.

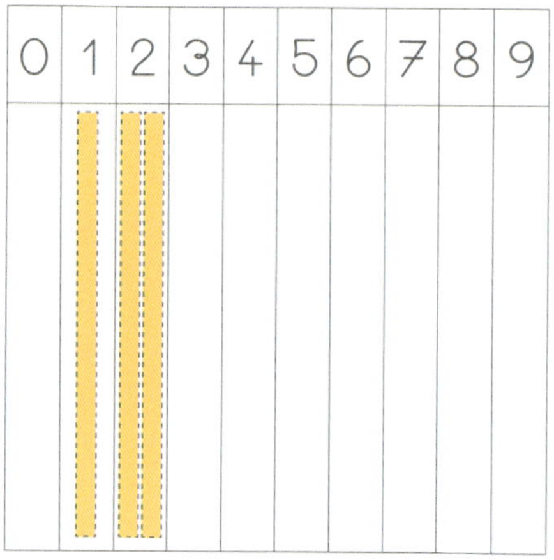

La boîte de fuseaux

Il me faut :
- mes fuseaux

9	
8	
7	
6	
5	
4	
3	
2	
1	
0	

Les jetons : nombres pairs et impairs

Le matériel

Les jetons permettent d'introduire visuellement la notion de nombres pairs et impairs.

• La présentation

1er temps

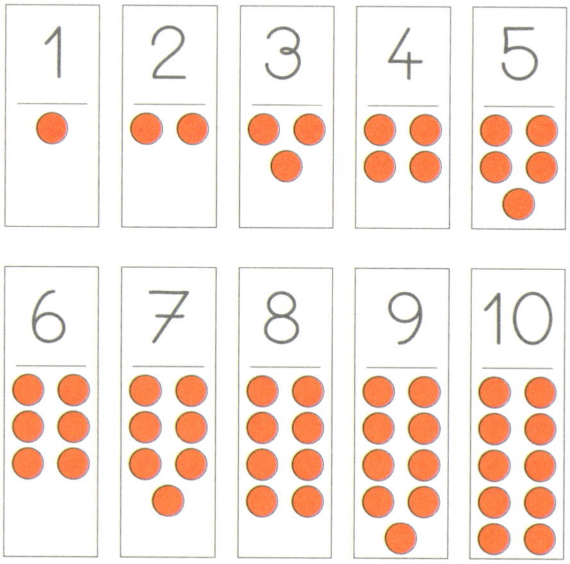

- Munissez-vous des jetons et des cartes chiffres, et reproduisez le schéma ci-contre.
- Ensuite, glissez votre index entre les deux colonnes de jetons du chiffre 2 et dites : « Pair ». Procédez de même avec les nombres 4, 6, 8 et 10, puis invitez votre enfant à vous imiter. Pour conclure, dites : « 2, 4, 6, 8 et 10 sont pairs. Pair, c'est toujours par deux. On peut donc passer son doigt entre les deux colonnes de jetons ».
- Pour les chiffres impairs, dites à votre enfant : « 1 est impair. On ne peut pas passer son doigt entre les colonnes de jetons ». Faites de même avec 3, 5, 7 et 9. Demandez à votre enfant de reproduire vos gestes et de vous répéter. Enfin, dites : « 1, 3, 5, 7 et 9 sont impairs. On ne peut pas passer son doigt entre les deux colonnes de jetons ».

2e temps

Dites à votre enfant : « Montre-moi un nombre pair », puis : « Montre-moi un nombre impair ». Procédez ainsi plusieurs fois.

3e temps

Pointez du doigt un nombre et demandez à votre enfant : « Comment est ce nombre ? » Posez à nouveau cette question, mais en montrant d'autres nombres cette fois-ci.

Pair ou impair ?

Il me faut :
- mes cartes chiffres

- Avec tes cartes chiffres, retrouve le nombre correspondant à chaque quantité de jetons, puis dis s'il est pair ou impair.

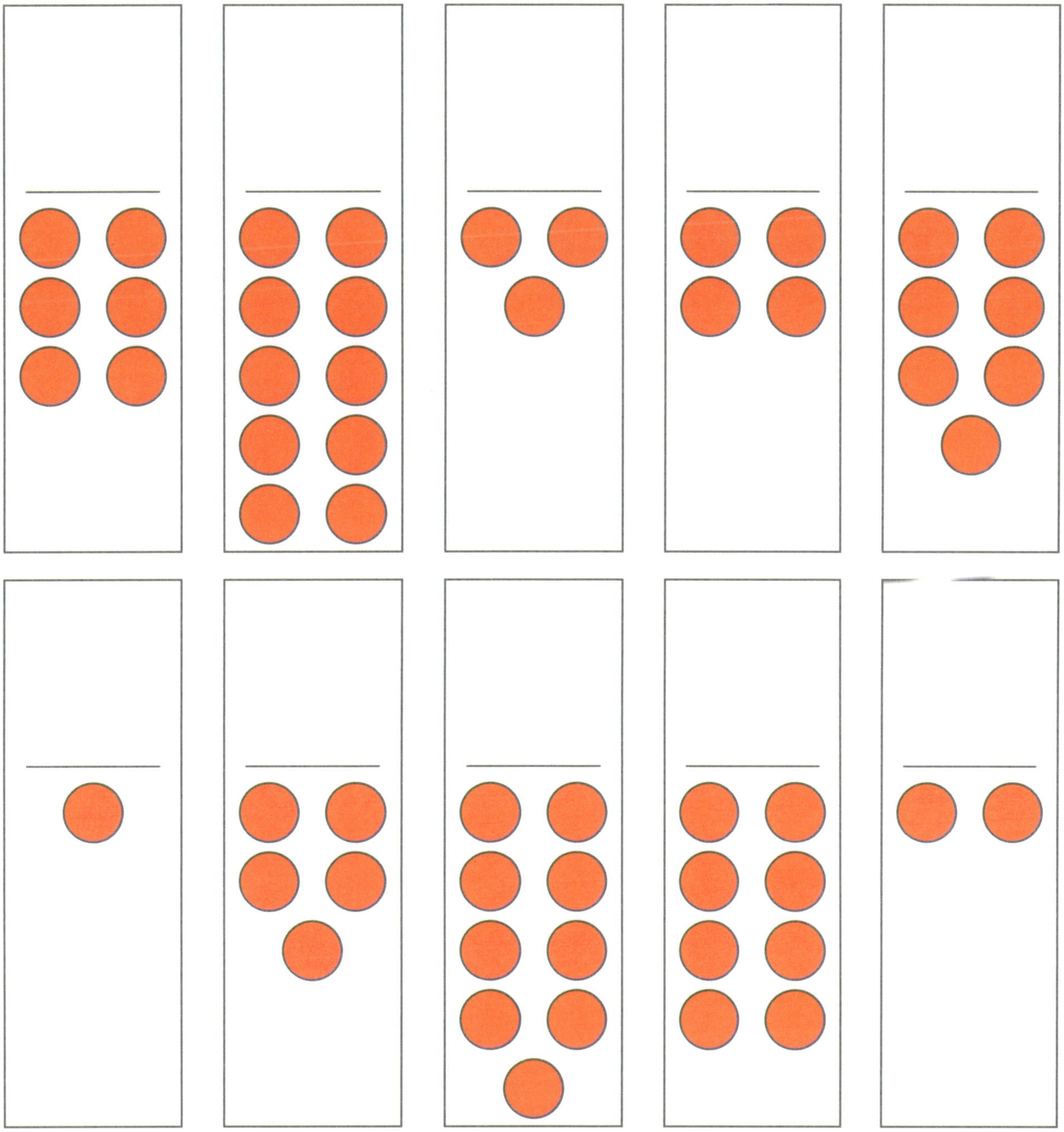

Je classe les nombres

Il me faut :
- mes jetons
- mes cartes chiffres

- Place tes cartes chiffres les unes à la suite des autres, puis associe à chacune la quantité de jetons correspondante. Pose ensuite dans la colonne bleue les cartes chiffres pairs et dans la jaune, les cartes chiffres impairs.

PAIRS Mon doigt peut passer entre les jetons.	**IMPAIRS** Mon doigt ne peut pas passer entre les jetons.

L'escalier coloré

Le matériel

Les barrettes de perles colorées répondent à un code couleurs qui correspond aux nombres de 1 à 10. Grâce à elles, votre enfant va découvrir le principe de l'addition.

La présentation

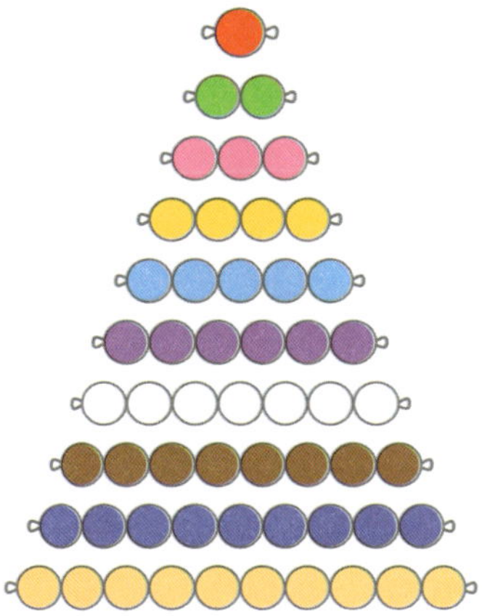

1er temps

Commencez par présenter la barrette rouge et dites : « 1 ». Ensuite, la verte : « Un, deux. C'est 2 ». Invitez votre enfant à procéder ainsi avec les autres barrettes, tout en les rangeant au fur et à mesure de la plus courte à la plus longue de façon à former une pyramide.

2e temps

Demandez à votre enfant de mélanger toutes les barrettes, de reconstruire la pyramide, puis d'associer à chaque barrette une carte chiffre.

3e temps

Demandez à votre enfant de placer ses cartes chiffres dans l'ordre, de 1 à 10, puis d'associer à chaque chiffre la barrette correspondante.

Prolongement

Demandez cette fois-ci à votre enfant de placer ses cartes chiffres dans le désordre, de 10 à 1, puis d'associer à chaque chiffre la barrette correspondante.

Les barrettes en folie !

Il me faut :
- mes barrettes de perles colorées
- un crayon

- Dispose tes barrettes de perles comme sur le modèle, puis associe un chiffre à chaque barrette.

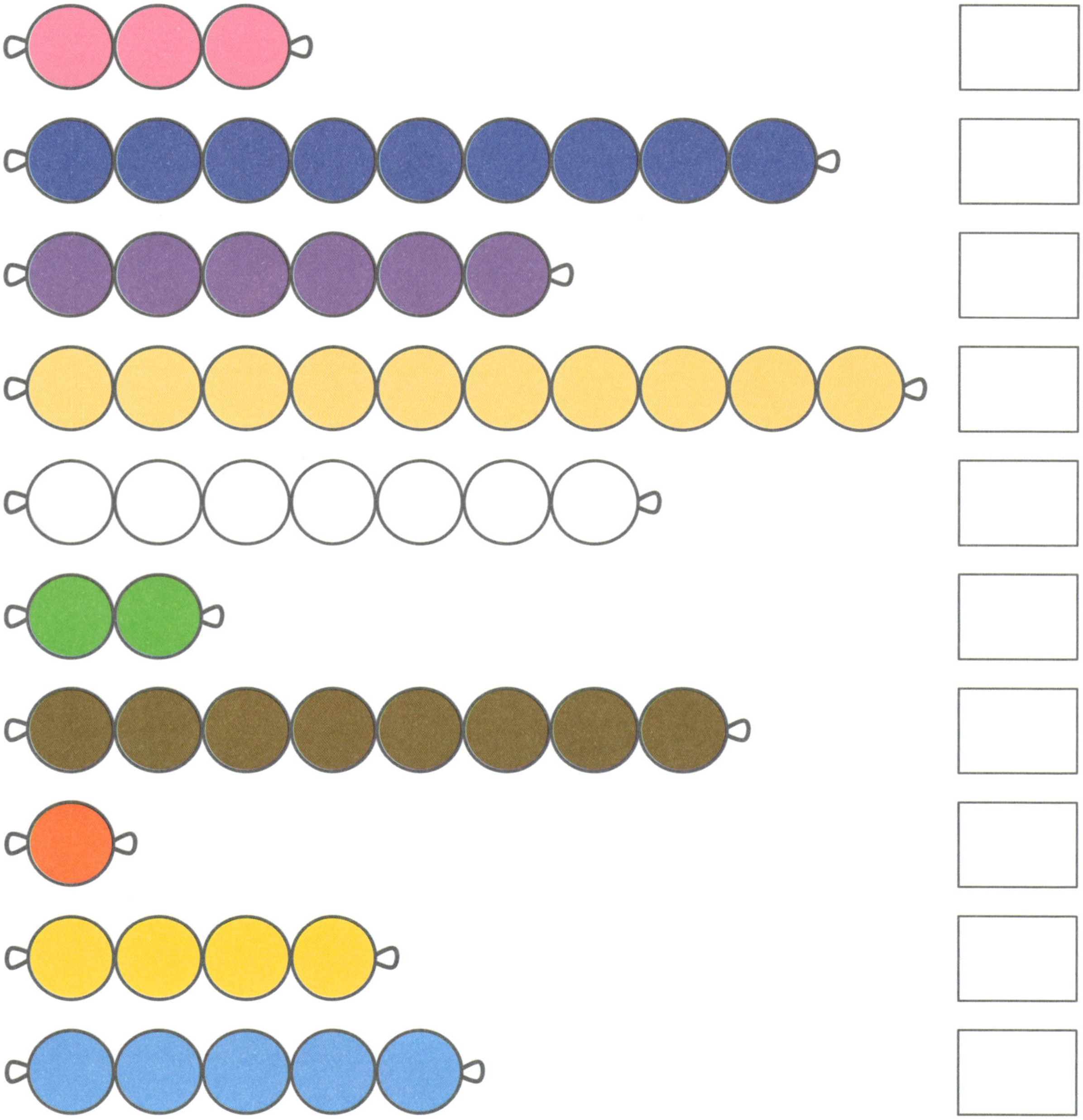

Mes premières additions

Il me faut :

- mes cartes chiffres
- un crayon

- Trouve le résultat de chaque addition, puis indique-le à l'aide de tes cartes chiffres.

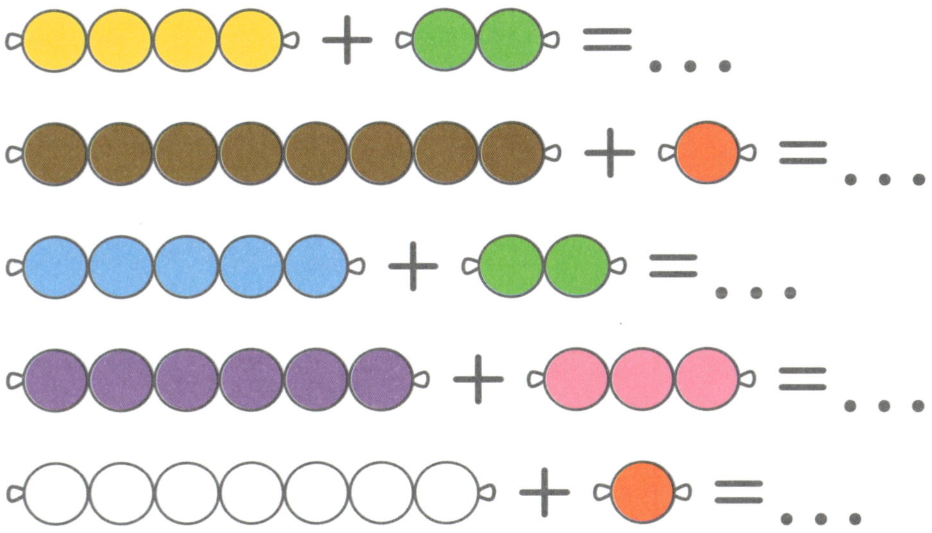

- Calcule ces doubles, trouve, puis indique le résultat sous la forme d'un nombre.

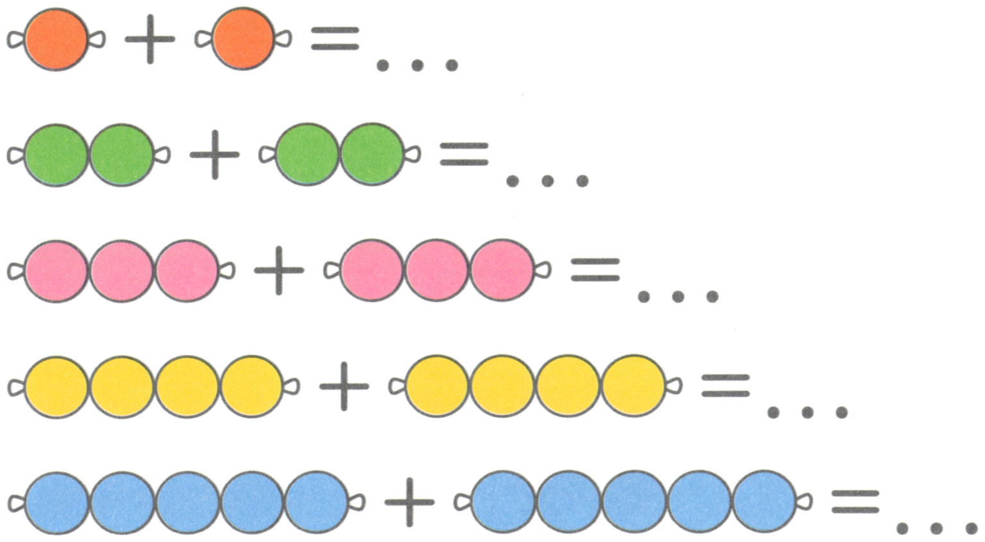

L'addition à compléter

Il me faut :
- mes barrettes de perles colorées

- Place à côté de chaque barrette celle qui la complète pour faire 10.

= 10

= 10

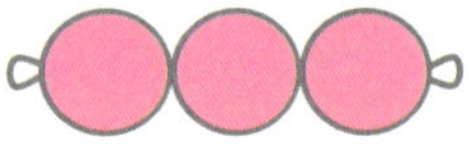
= 10

= 10

= 10

= 10

= 10

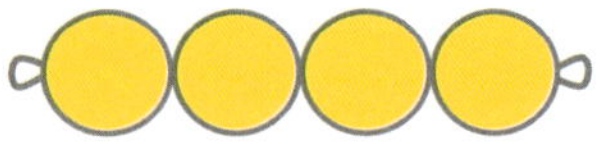
= 10

= 10

Le système décimal

Le matériel

Les perles dorées permettent d'appréhender la notion d'unité, de dizaine et de centaine.

La présentation

1er temps

- Montrez la perle et dites : « 1 unité ».
- Montrez la barrette de 10 et dites : « 10 unités, c'est une dizaine ».
- Prenez dix barrettes de 10 et dites : « 100 unités, c'est une centaine ».

une unité

2e temps

Prenez une unité et demandez à votre enfant à quoi elle correspond. Invitez-le ensuite à prendre une barrette de dix perles, puis à vous dire combien d'unités il y a dans une dizaine. Faites de même pour 100.

une dizaine

une centaine

3e temps

Désignez du doigt une unité, une dizaine ou une centaine, puis demandez à votre enfant : « Qu'est-ce que c'est ? »

Prolongement

Maintenant que votre enfant a compris le principe du système décimal, vous pouvez commencer à lui décomposer certains nombres de cette manière : « 6, c'est 6 unités. 40, c'est 4 dizaines. 800, c'est 8 centaines. Donc 846, c'est 8 centaines, 4 dizaines et 6 unités. » N'hésitez pas à présenter d'autres nombres à votre enfant.

centaines	dizaines	unités
8	4	6

Je chiffre des quantités

Il me faut :
- un crayon

- Dans chaque cadre, observe les quantités, indique le chiffre des centaines, des dizaines et des unités.

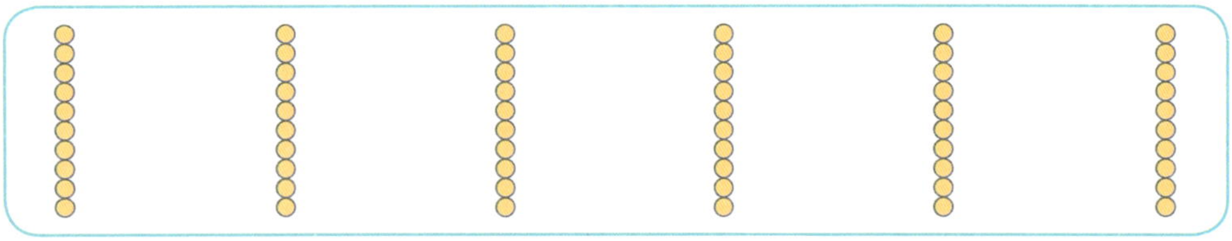

..... centaine
..... dizaines
..... unité

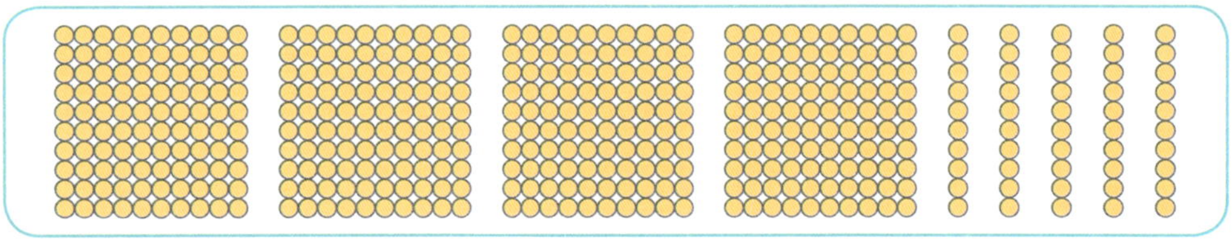

..... centaines
..... dizaines
..... unité

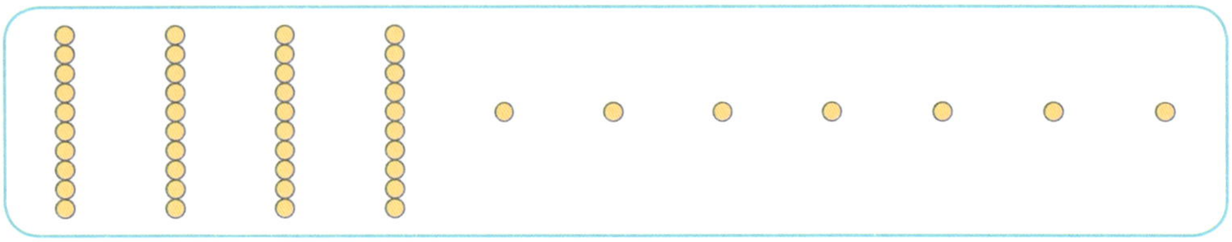

..... centaine
..... dizaines
..... unités

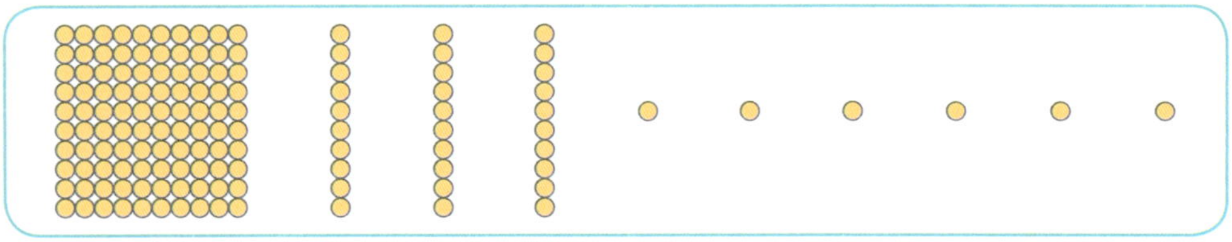

..... centaine
..... dizaines
..... unités

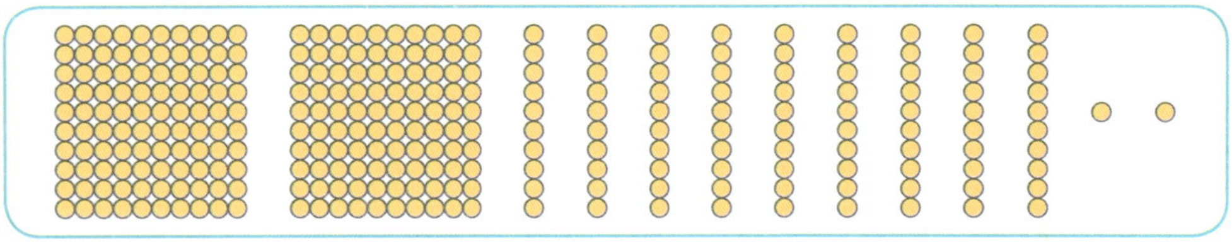

..... centaines
..... dizaines
..... unités

Je trouve des quantités

Il me faut :
- mes barrettes de perles dorées
- un crayon

• À l'aide de tes barrettes de perles dorées, forme ces quantités, puis trouve le nombre correspondant.

7 dizaines et 4 unités =

6 dizaines et 3 unités =

9 dizaines et 1 unité =

2 dizaines et 2 unités =

3 dizaines et 9 unités =

5 dizaines et 8 unités =

• Code sous forme de chiffres ces quantités.

	centaines	dizaines	unités
7 centaines, 4 dizaines et 2 unités			
6 centaines, 0 dizaine et 1 unité			
2 centaines, 8 dizaines et 8 unités			

La table de Seguin 1 : nombres de 11 à 19

Le matériel

La table de Seguin 1, les cartes chiffres et les barrettes de perles colorées et dorées aident l'enfant à appréhender les nombres de 11 à 19.

La présentation

1re étape : les barrettes de perles

- 1er temps : Prenez une barrette de 10 et demandez : « Qu'est-ce que c'est ? Oui, c'est 10 ». Ensuite, prenez la perle 1 et demandez : « Qu'est-ce que c'est ? Oui, c'est 1 ». Posez la barrette et la perle à côté, puis dites : « 10 et 1, ça fait 11 ». Procédez ainsi avec une barrette de 10 et la barrette 2 pour faire 12, puis avec une barrette de 10 et la barrette 3 pour faire 13.
- 2e temps : Demandez à votre enfant : « Montre-moi 12 », « Montre-moi 11 », puis « Montre-moi 13 ».
- 3e temps : Désignez du doigt un des ensembles, puis demandez : « Qu'est-ce que c'est ? »
- Une fois que 11, 12 et 13 semblent acquis, poursuivez avec 14,15 et 16, puis avec 17, 18 et 19 en reprenant le même cheminement.

2e étape : la table de Seguin 1

- 1er temps : Posez le chiffre 1 sur le 0 du premier 10 et dites : « 10 et 1, ça fait 11 ». Procédez de même avec 12 : « 10 et 2, ça fait 12 », et 13 : « 10 et 3, ça fait 13 ». Demandez à votre enfant de répéter et de vous imiter.
- 2e temps : Dites à votre enfant : « Montre-moi 11 ». Si votre enfant vous montre la bonne quantité, répondez : « Oui, 10 et 1, ça fait 11 ». Procédez de la même façon avec 12 : « Montre-moi 12 », puis 13 : « Montre-moi 13 ». Poursuivez l'activité en demandant les quantités dans le désordre. Enfin, retirez les chiffres, posez-les à gauche de votre enfant et invitez-le à former les quantités demandées : « Fais-moi 12 », « Fais-moi 11 », et « Fais-moi 13 ».
- 3e temps : Remettez les chiffres à leur place afin qu'ils forment les nombres 11, 12 et 13. Montrez une quantité à votre enfant et interrogez-le : « Qu'est-ce que c'est ? » Procédez de la même manière avec les autres quantités.
- Lorsque la connaissance de la formation des nombres 11, 12 et 13 est acquise, passez à 14, 15 et 16, puis à 17, 18 et 19, toujours en conservant la leçon en 3 temps.

3e étape: les barrettes de perles et la table de Seguin

Associez les barrettes de perles aux nombres présents sur la table de Seguin, toujours en respectant la leçon en 3 temps, c'est-à-dire en associant le vocabulaire, les symboles et les quantités. Pour cela, nommer les éléments en les montrant à votre enfant, demandez-lui de vous montrer certaines quantités, puis dites-lui : « Qu'est-ce que c'est ? »

Je forme des quantités

Il me faut :

- mes barrettes de perles colorées et dorées

- Forme ces quantités l'une après l'autre à l'aide de tes barrettes de perles colorées et dorées.

11	16
12	17
13	18
14	19
15	

Je trouve les unités

Il me faut :
- mes cartes chiffres

- À quels nombres correspondent ces quantités ? Trouve le chiffre des unités de chaque nombre, puis écris-le à l'aide de tes cartes chiffres.

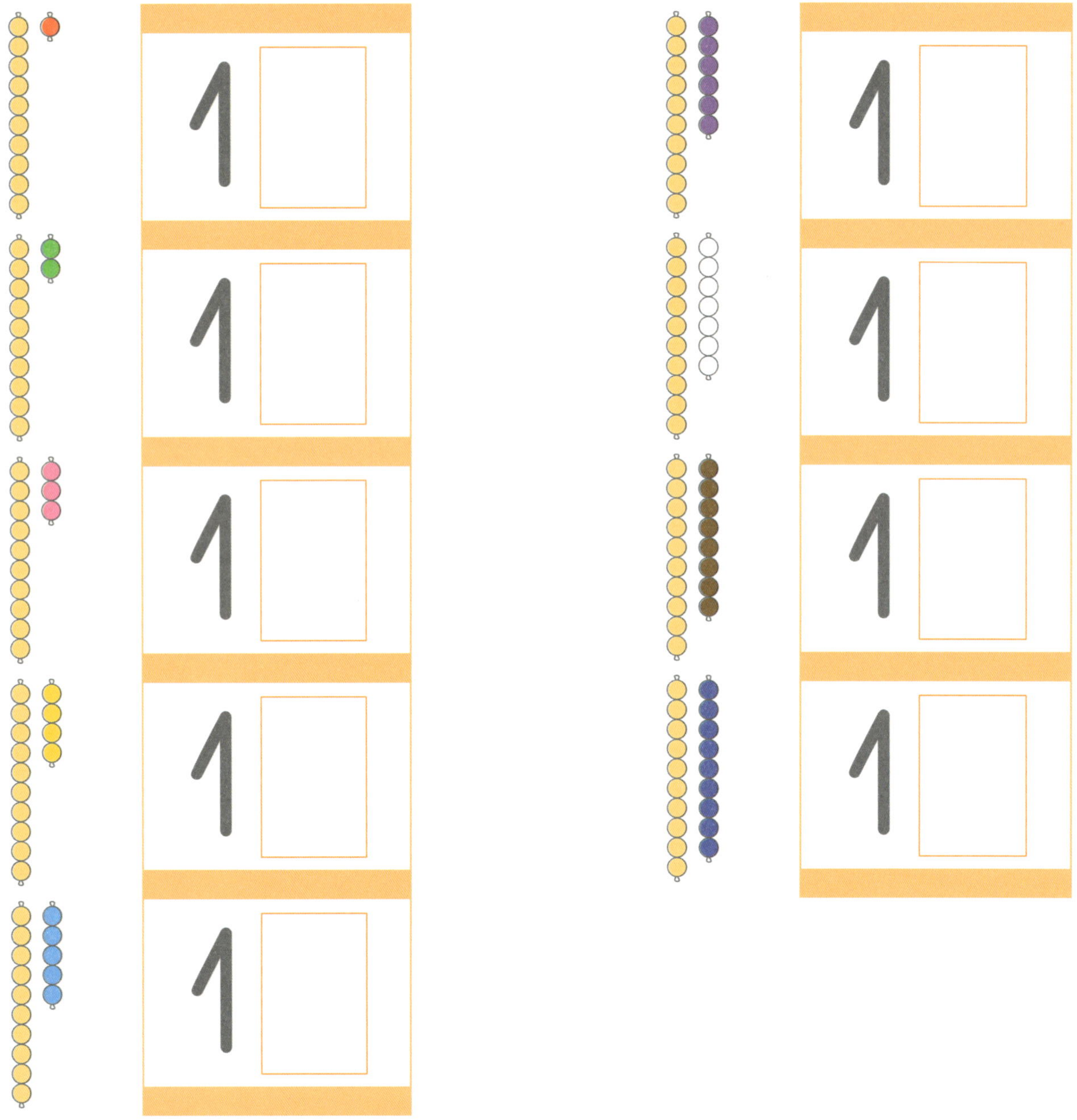

La table d'addition à bandes

Le matériel

La table d'addition à bandes aide votre enfant à mémoriser ses tables d'addition et met en évidence la commutativité : 2 + 1, c'est la même chose que 1 + 2.

La présentation

1er temps

- Présentez la table d'addition à bandes de la page 58 à votre enfant. Pour cela, invitez-le à compter les nombres présents sur le bandeau du haut.
- Ensuite, formez deux escaliers, le premier avec les réglettes rouges, le deuxième avec les réglettes bleues.

2e temps

- Dites à votre enfant que vous allez lui présenter les tables d'addition en commençant par la table de 1. Il va ainsi découvrir toutes les opérations qui sont possibles avec 1.
- Commencez par 1 + 1. Prenez la réglette rouge numérotée 1 et posez-la sur la première ligne. Posez à côté d'elle la réglette bleue numérotée 1. Posez votre doigt au bout de cette dernière réglette, puis remontez vers le chiffre indiqué dans le bandeau du haut : ici 2. Vous pouvez maintenant dire à votre enfant : « Regarde, 1 + 1 = 2 ». Demandez à votre enfant de vous imiter et de vous répéter. Invitez-le ensuite à écrire le résultat dans le tableau de la page 59.
- Procédez ainsi pour tous les chiffres de la table de 1 et des tables suivantes.

Prolongement

- Montrez à votre enfant que 1 + 2, c'est la même chose que 2 + 1 ; que 1 + 3, c'est la même chose que 3 + 1, etc. Pour cela, utilisez les barrettes rouges et bleues, et placez-les en évidence sur la table d'addition à bandes.
- Demandez à votre enfant de choisir un nombre entre 1 et 18, puis de trouver toutes les façons de le faire. Par exemple, 12, c'est 9 + 3, 8 + 4, 7 + 5, etc.

La table d'addition à bandes

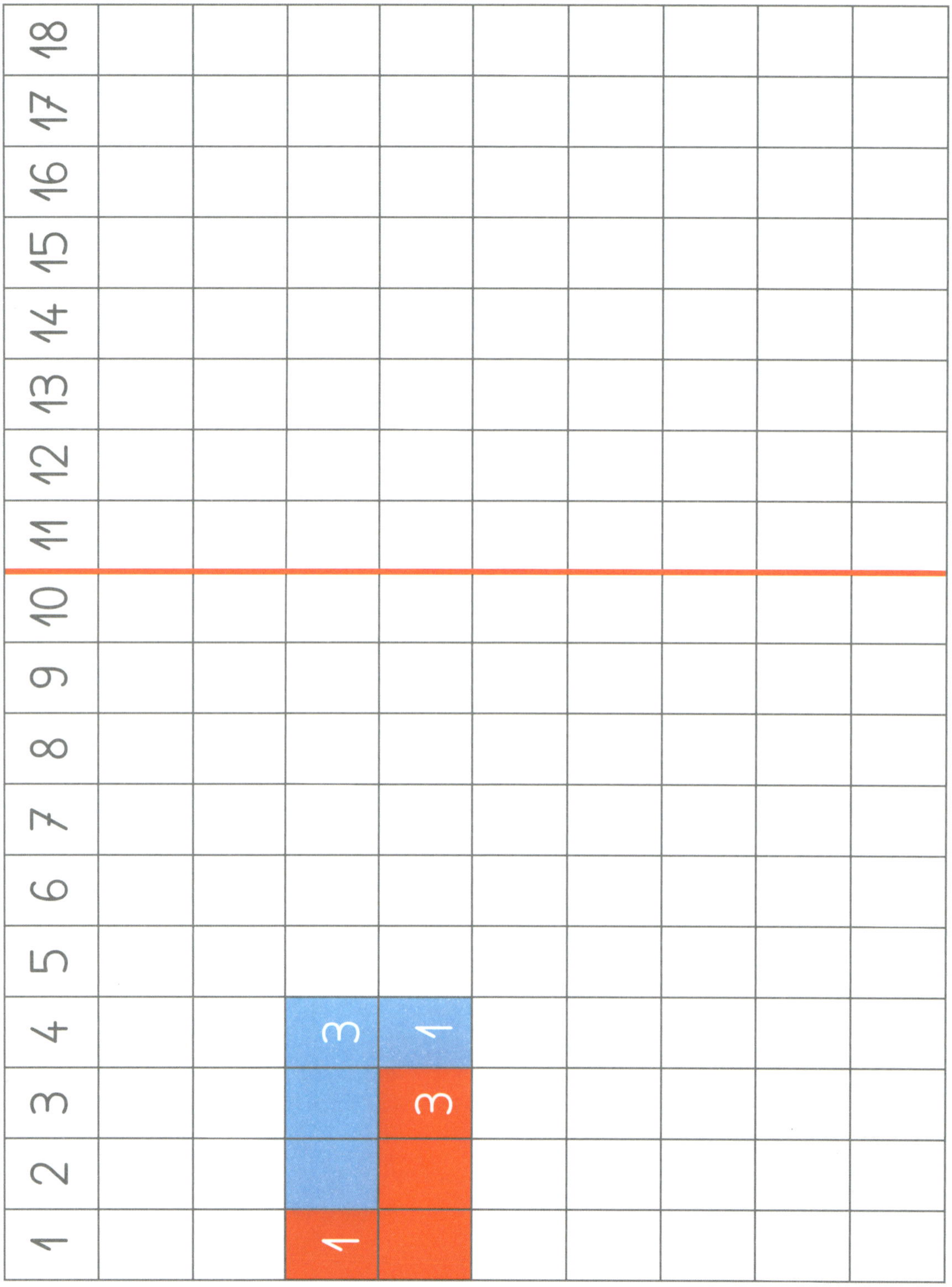

Les tables d'addition

Il me faut :
- la table d'addition à bandes
- mes réglettes rouges et bleues
- un crayon

Table de 1 1 + 1 = 1 + 2 = 1 + 3 = 1 + 4 = 1 + 5 = 1 + 6 = 1 + 7 = 1 + 8 = 1 + 9 =	Table de 2 2 + 1 = 2 + 2 = 2 + 3 = 2 + 4 = 2 + 5 = 2 + 6 = 2 + 7 = 2 + 8 = 2 + 9 =	Table de 3 3 + 1 = 3 + 2 = 3 + 3 = 3 + 4 = 3 + 5 = 3 + 6 = 3 + 7 = 3 + 8 = 3 + 9 =
Table de 4 4 + 1 = 4 + 2 = 4 + 3 = 4 + 4 = 4 + 5 = 4 + 6 = 4 + 7 = 4 + 8 = 4 + 9 =	Table de 5 5 + 1 = 5 + 2 = 5 + 3 = 5 + 4 = 5 + 5 = 5 + 6 = 5 + 7 = 5 + 8 = 5 + 9 =	Table de 6 6 + 1 = 6 + 2 = 6 + 3 = 6 + 4 = 6 + 5 = 6 + 6 = 6 + 7 = 6 + 8 = 6 + 9 =
Table de 7 7 + 1 = 7 + 2 = 7 + 3 = 7 + 4 = 7 + 5 = 7 + 6 = 7 + 7 = 7 + 8 = 7 + 9 =	Table de 8 8 + 1 = 8 + 2 = 8 + 3 = 8 + 4 = 8 + 5 = 8 + 6 = 8 + 7 = 8 + 8 = 8 + 9 =	Table de 9 9 + 1 = 9 + 2 = 9 + 3 = 9 + 4 = 9 + 5 = 9 + 6 = 9 + 7 = 9 + 8 = 9 + 9 =

Le jeu des pois

Il me faut :
- mes cartes voiliers
- mes cartes chiffres

- Prends tes cartes voiliers, puis sépare les voiles bleues des voiles vertes. Étale-les face cachée sur une table. Ensuite, pioche au hasard une carte de chaque côté, puis colle-les. Un voilier vient de se former ! Combien y a-t-il de pois sur les voiles ?
- Commence par compter le nombre de pois que tu vois sur la voile verte, puis prends la carte chiffre correspondante et dépose-la sous la moitié du voilier. Fais la même chose pour la voile bleue.
- Quel est le résultat de cette addition ?

7 + 1 = 8

Le coloriage magique

Il me faut :
- des crayons de couleur
- mes barrettes de perles colorées et dorées

- Effectue chaque addition à l'aide de tes barrettes de perles colorées et dorées, puis colorie la case en respectant le code couleurs du résultat trouvé. Quel animal vois-tu apparaître ?

13 14 15 16 17 18 19

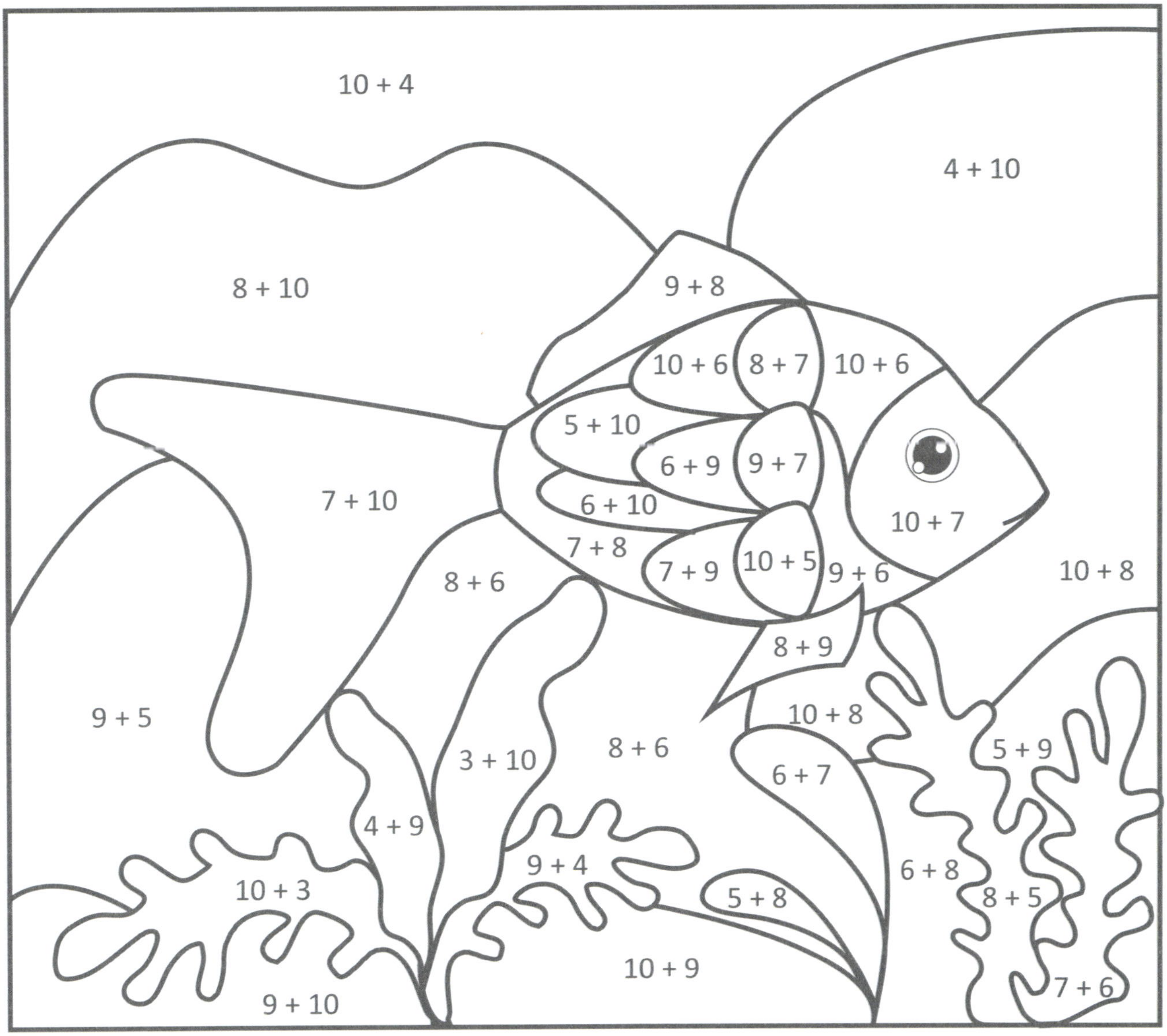

La table de Seguin 2 : nombres de 11 à 99

Le matériel

La table de Seguin 2, les cartes chiffres, les barrettes et les perles dorées permettent à l'enfant de découvrir les dizaines et les nombres de 11 à 99.

La présentation

1re étape : les dizaines

- 1er temps : Dites à votre enfant que vous allez lui présenter le principe des dizaines. Munissez-vous de la table de Seguin 2 et des barrettes dorées. Commencez par placer une barrette de 10 perles dorées à côté du 10 de la table de Seguin 2. Dites à votre enfant : « 10, c'est 1 dizaine ». Posez maintenant deux barrettes de perles à côté du 20 et dites : « 20, c'est 2 dizaines ». Faites de même avec 30 en demandant à votre enfant de vous imiter.
- 2e temps : Demandez à votre enfant : « Montre-moi 10 », « Montre-moi 20 », puis « Montre-moi 30 ». Ensuite, proposez-lui de vous les montrer dans le désordre.
- 3e temps : Demandez à votre enfant : « Peux-tu faire 30 avec tes barrettes de perles dorées ? », « Fabrique 10 avec tes barrettes », puis « Fais 20 avec tes barrettes de perles ».
- Lorsque la connaissance de la formation des nombres 10, 20 et 30 est acquise, passez à 40, 50 et 60, puis à 70, 80 et 90, toujours en conservant la leçon en 3 temps.

2e étape : les nombres de 11 à 99

- Vous allez maintenant faire découvrir les nombres de 11 à 99 à votre enfant. Pour cela, prenez les perles dorées et les cartes chiffres.
- Pour commencer, cachez le 0 du 10 de la table de Seguin en plaçant dessus la carte chiffre 1. Placez à côté une barrette et une perle dorées, puis dites : « 11, c'est 1 dizaine et 1 unité ». Ensuite, remplacez la carte chiffre 1 par la 2, ajoutez une perle et dites : « 12, c'est 1 dizaine et 2 unités ». Procédez ainsi jusqu'à 19.
- Quand votre enfant se sent à l'aise, présentez les nombres de 20 à 99 de cette même manière. N'hésitez pas à décliner les questions présentées plus haut pour ce jeu.

Je forme des quantités

Il me faut :
- mes barrettes de perles dorées

- Forme ces quantités à l'aide de tes barrettes de perles dorées.

10	60
20	70
30	80
40	90
50	

Le coloriage magique

Il me faut :
- un crayon de couleur orange

- Colorie en orange seulement les nombres dont le chiffre des unités est 0. Que vois-tu apparaître ?

1	24	66	87	32	85	33	17	7	19	79	6
84	15	30	8	70	77	86	5	42	76	57	81
31	78	50	80	40	18	65	23	67	97	22	96
93	44	10	20	90	43	47	38	2	50	30	41
16	12	60	30	80	22	69	56	4	66	70	92
2	75	29	10	21	39	1	11	99	52	20	58
64	45	40	20	50	60	20	34	68	98	80	45
7	10	70	80	90	30	40	10	89	60	51	12
28	50	90	70	10	50	20	60	40	14	88	71
37	30	60	40	90	40	30	70	95	76	49	2
55	27	50	36	12	7	53	20	34	7	62	94
4	30	80	73	29	68	10	90	72	26	91	48
63	74	46	92	3	44	61	59	3	33	94	77

Je trouve des nombres

Il me faut :
- mes cartes chiffres

• À quels nombres correspondent ces quantités ?
Complète chaque nombre à l'aide de tes cartes chiffres.

1 ☐
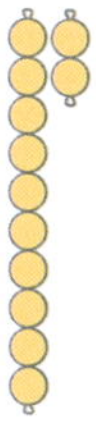

2 ☐
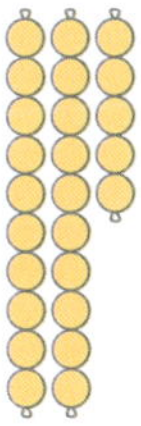

3 ☐
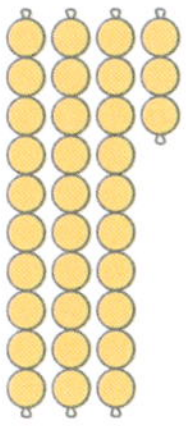

4 ☐
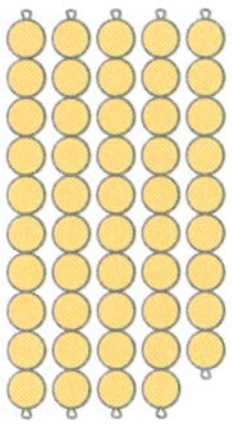

5 ☐
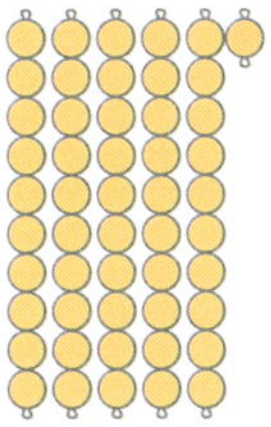

6 ☐
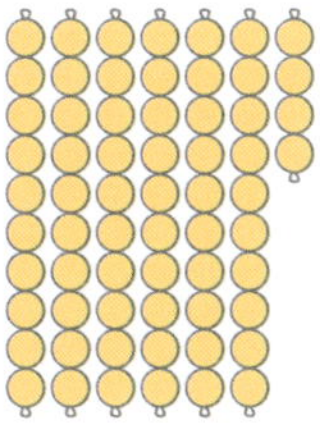

7 ☐
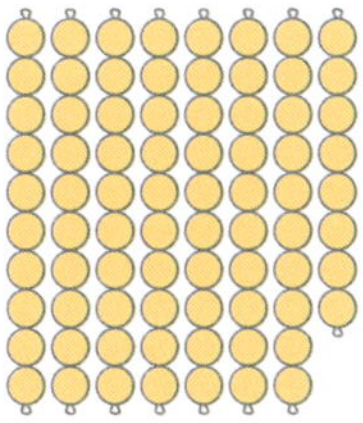

8 ☐
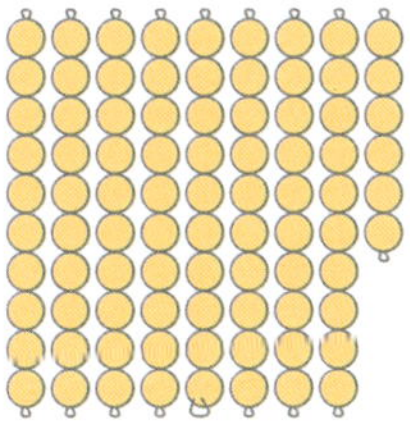

9 ☐
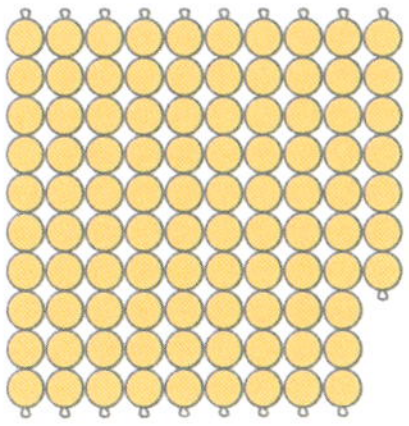

LAROUSSE s'engage pour l'environnement en réduisant l'empreinte carbone de ses livres. Celle de cet exemplaire est de :
850 g éq. CO_2
Rendez-vous sur www.larousse-durable.fr

PAPIER À BASE DE FIBRES CERTIFIÉES

Achevé d'imprimer chez Industria Grafica Cayfosa (Espagne)
Dépôt légal : décembre 2017 – 320526/01
N° de projet : 11036656 – décembre 2017

Les familles de couleurs pages 10-11

À DÉCOUPER

Les familles de couleurs

Les familles de couleurs
Les familles de couleurs
Les familles de couleurs
Les familles de couleurs
Les familles de couleurs
Les familles de couleurs
Les familles de couleurs
Les familles de couleurs
Les familles de couleurs
Les familles de couleurs
Les familles de couleurs
Les familles de couleurs
Les familles de couleurs
Les familles de couleurs
Les familles de couleurs
Les familles de couleurs
Les familles de couleurs
Les familles de couleurs
Les familles de couleurs
Les familles de couleurs
Les familles de couleurs
Les familles de couleurs
Les familles de couleurs
Les familles de couleurs
Les familles de couleurs
Les familles de couleurs
Les familles de couleurs
Les familles de couleurs
Les familles de couleurs
Les familles de couleurs
Les familles de couleurs

À DÉCOUPER

Les flèches page 20

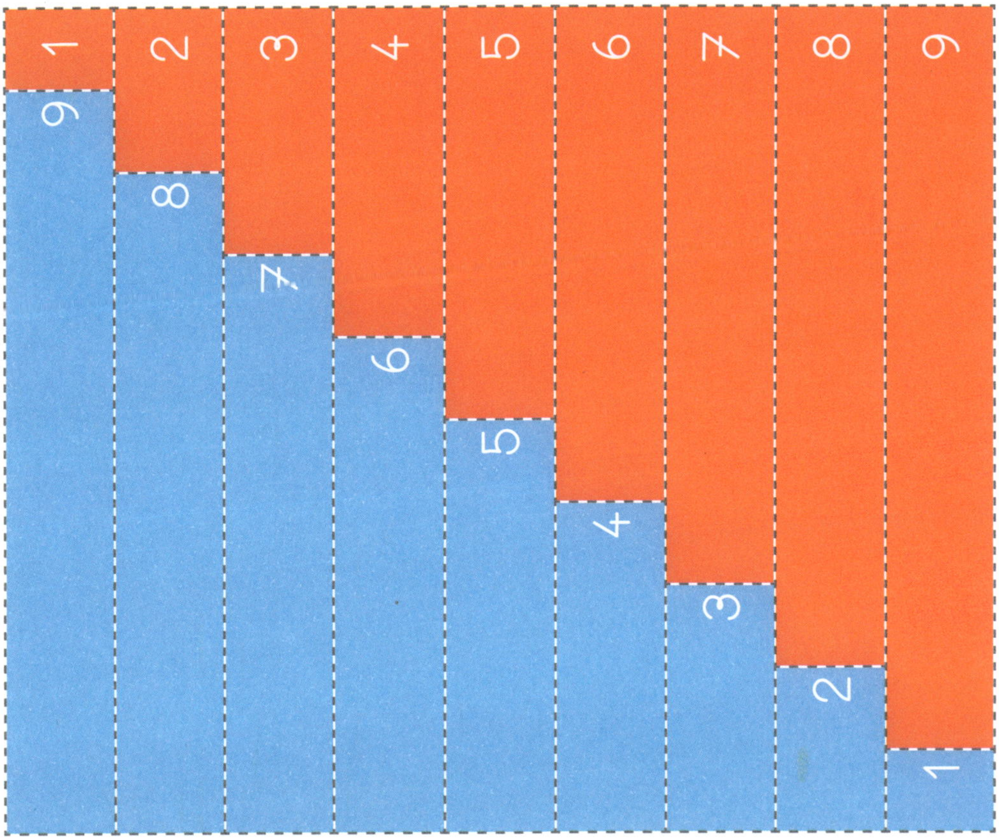

Mes réglettes rouges et bleues

Le tableau des flèches	Le tableau des flèches	Le tableau des flèches	Le tableau des flèches	Le tableau des flèches
Le tableau des flèches	Le tableau des flèches	Le tableau des flèches	Le tableau des flèches	Le tableau des flèches
Le tableau des flèches	Le tableau des flèches	Le tableau des flèches	Le tableau des flèches	Le tableau des flèches
Le tableau des flèches				

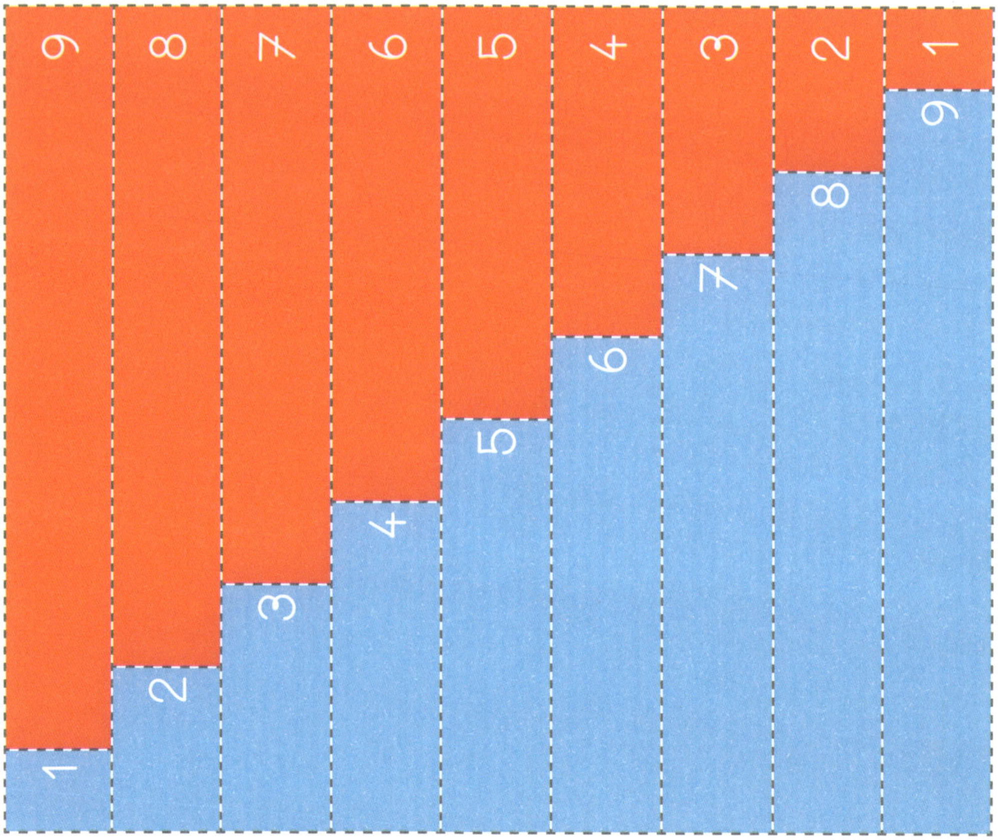

À DÉCOUPER

Ma table de Seguin 1

10	10
10	10
10	10
10	10
10	

Ma table de Seguin 2

10	60
20	70
30	80
40	90
50	

Mes formes géométriques

À DÉCOUPER

À DÉCOUPER

Mes carrés de couleur

Mes pièces du Tangram

1 1 1 1 1 1 1 1 1
2 2 2 2 2 2 2 2 2
3 3 3 3 3 3 3 3 3
4 4 4 4 4 4 4 4 4

Mes carrés roses

À DÉCOUPER

À DÉCOUPER

Mes barres numériques

Mes barres rouges

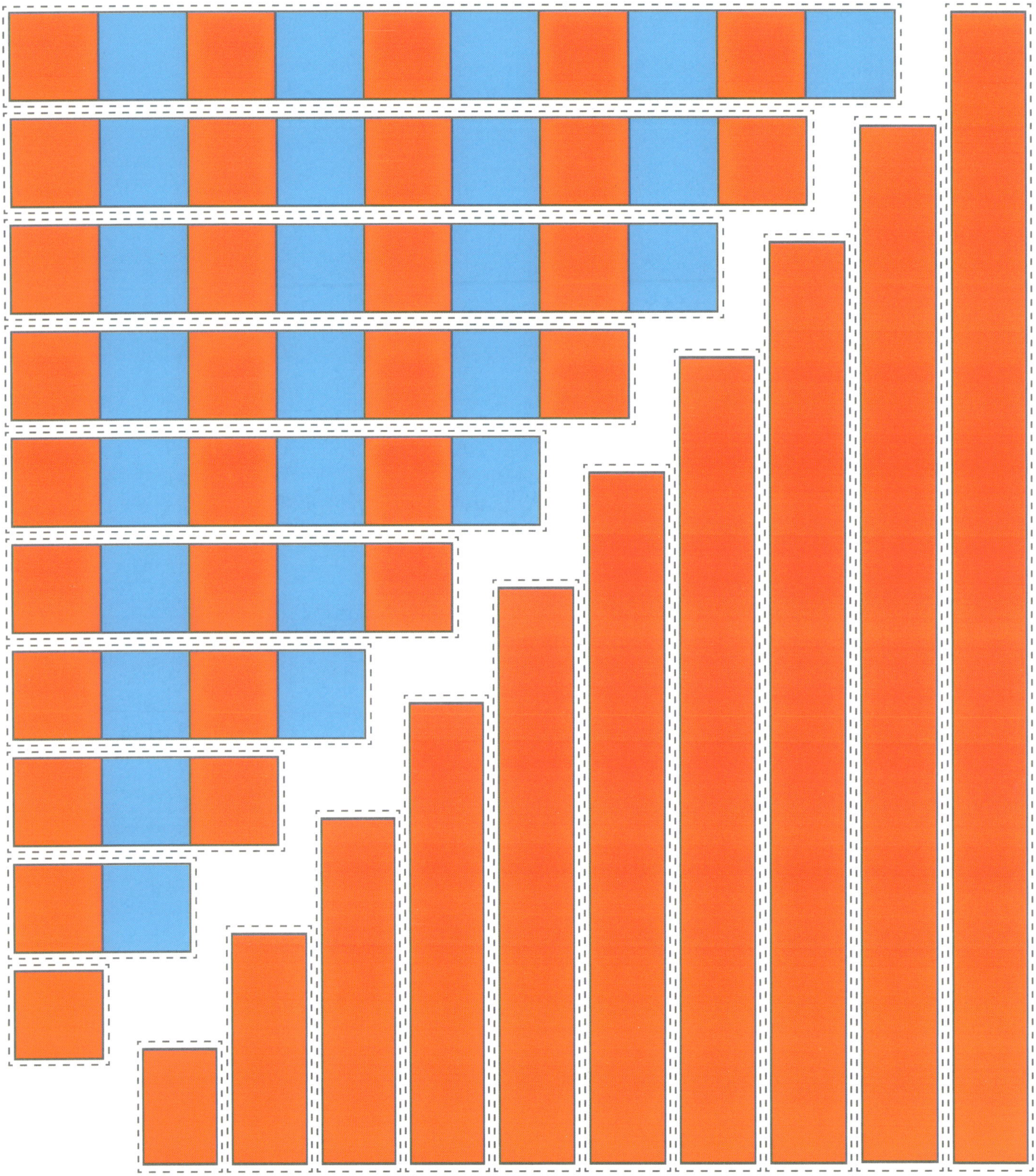

Mes cartes chiffres rugueux

À DÉCOUPER

0

1

2

3

À DÉCOUPER

4

5

6

7

À DÉCOUPER

8 9

Mes cartes chiffres

0 0 + =

1 2 3 4 5 6 7 8 9

1 2 3 4 5 6 7 8 9

					=	+	0	0
9	8	7	6	5	4	3	2	1
9	8	7	6	5	4	3	2	1

À DÉCOUPER

Mes fuseaux

À DÉCOUPER

Mes jetons

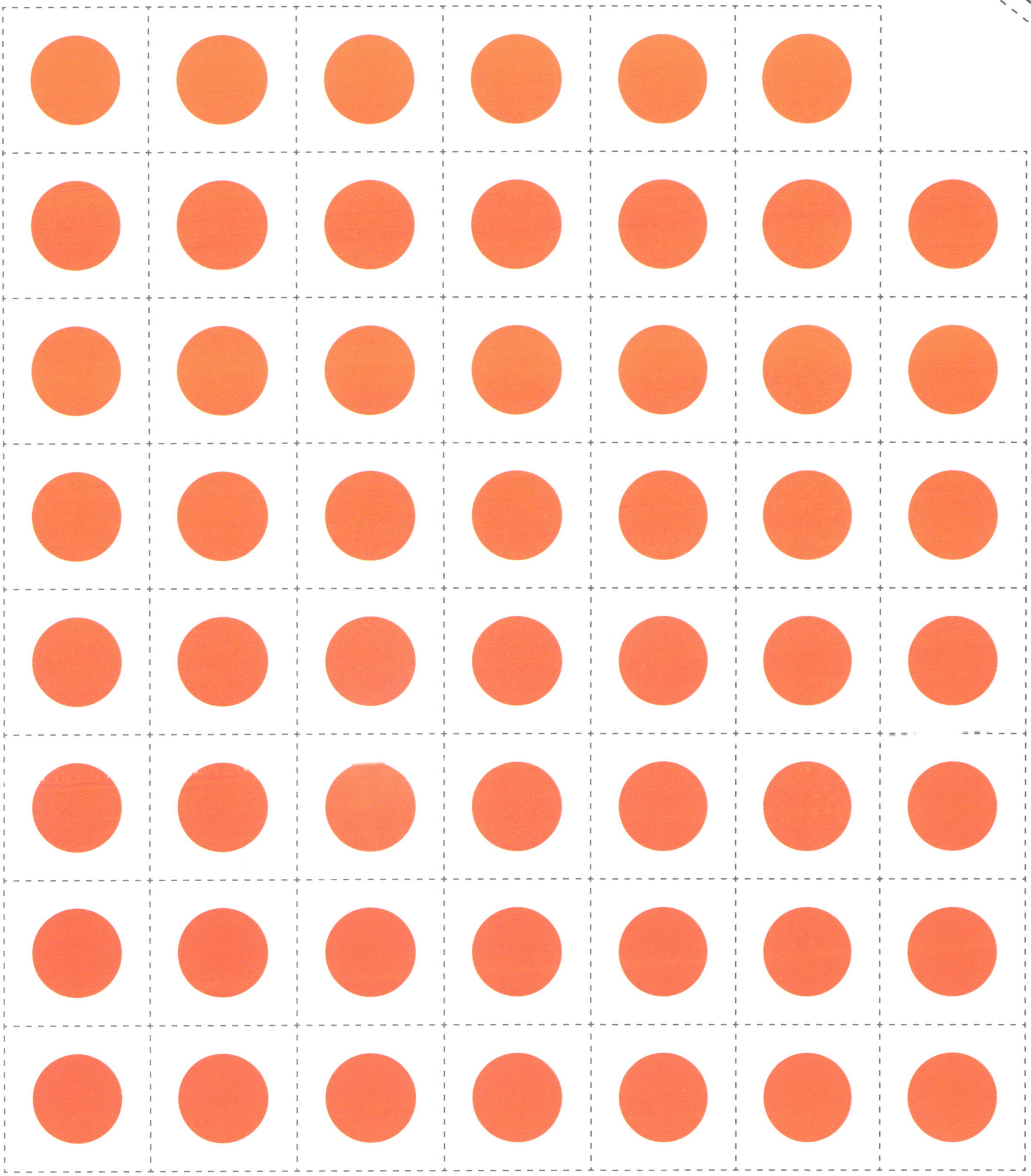

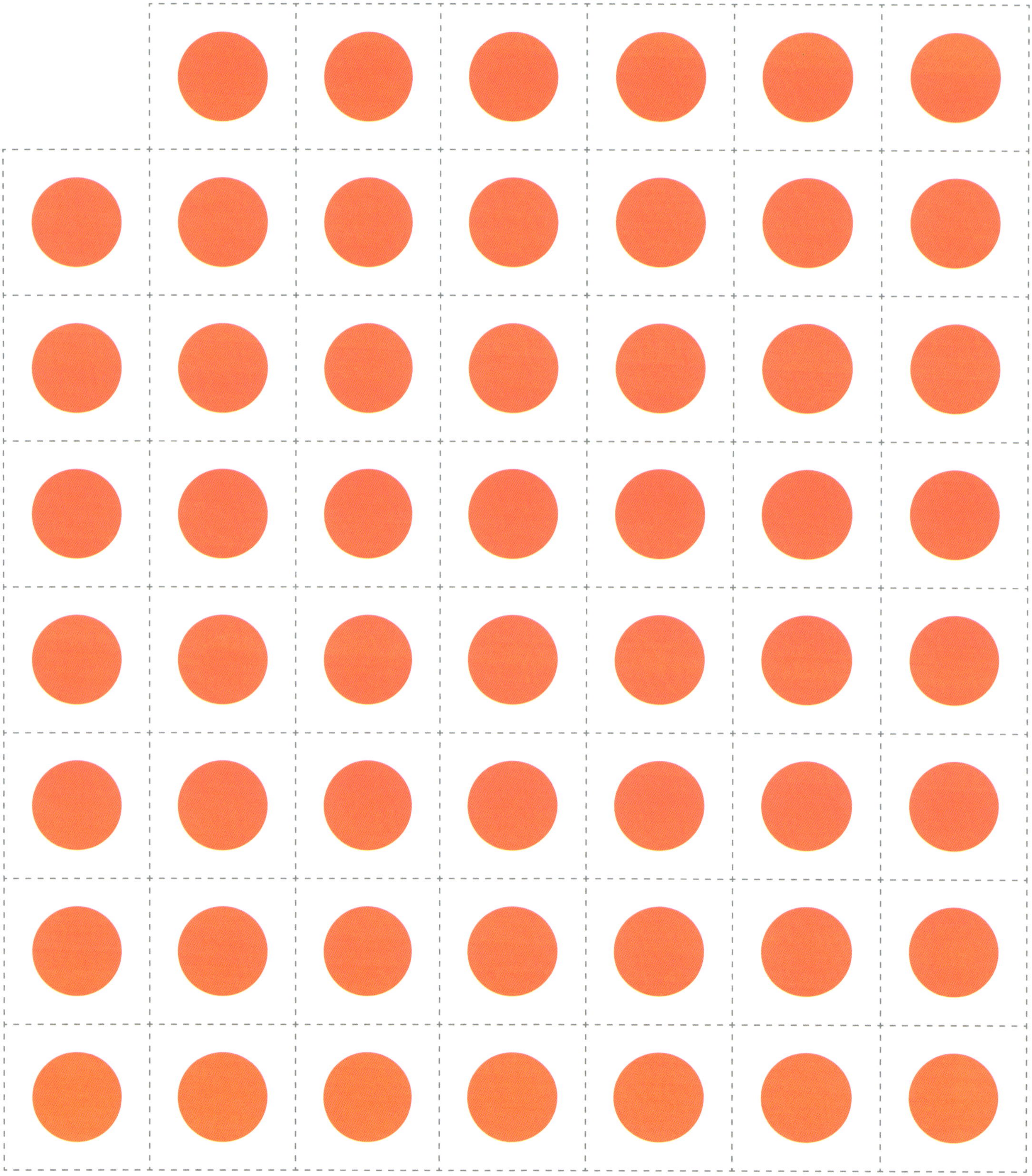

À DÉCOUPER

Mes barrettes de perles dorées

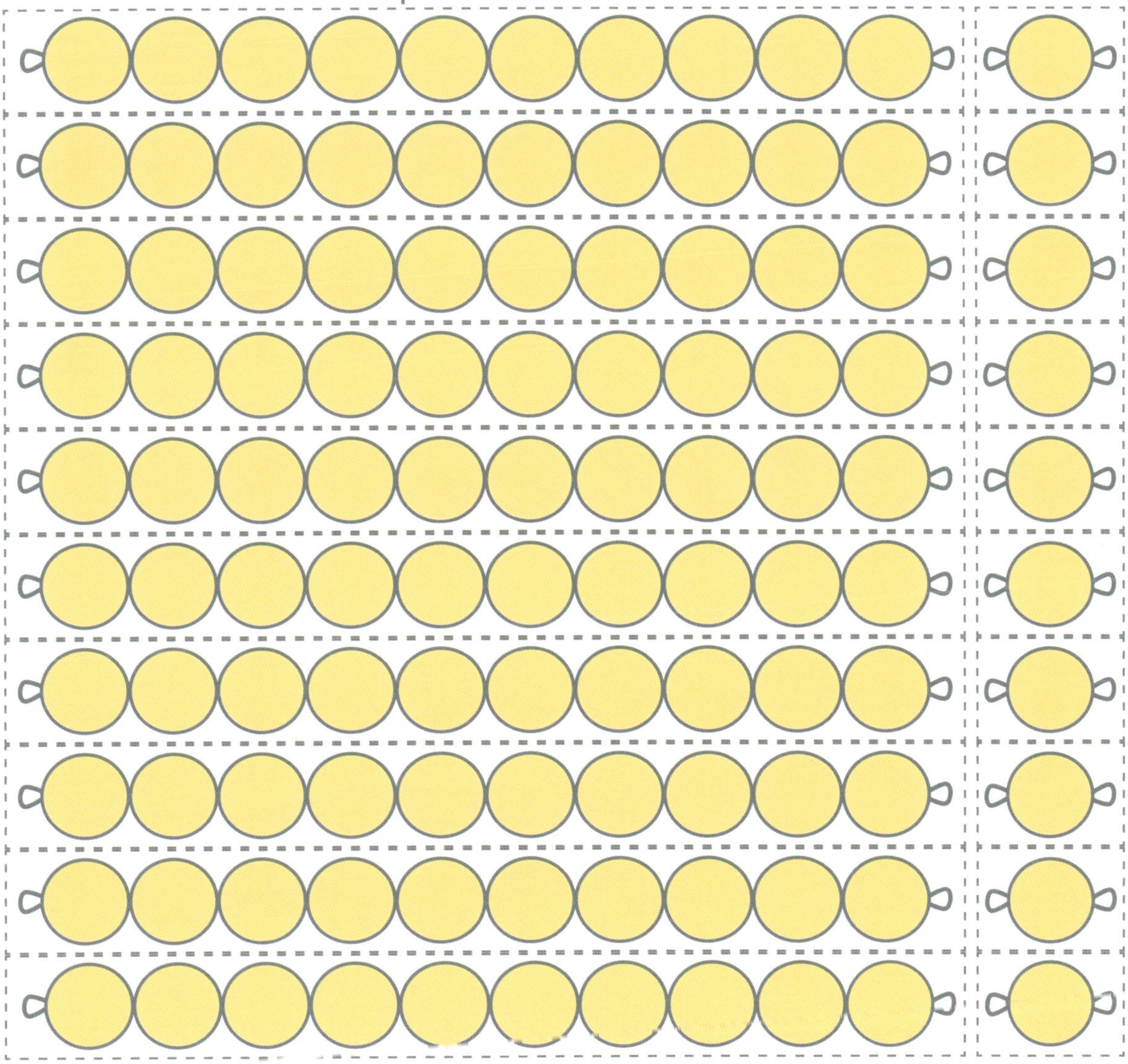

Mes barrettes de perles colorées

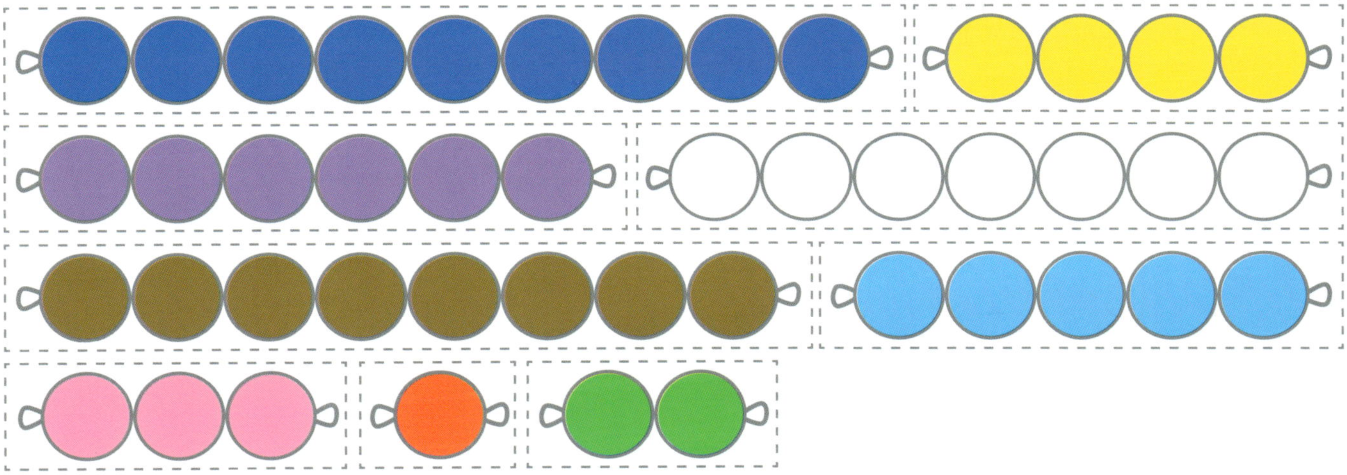

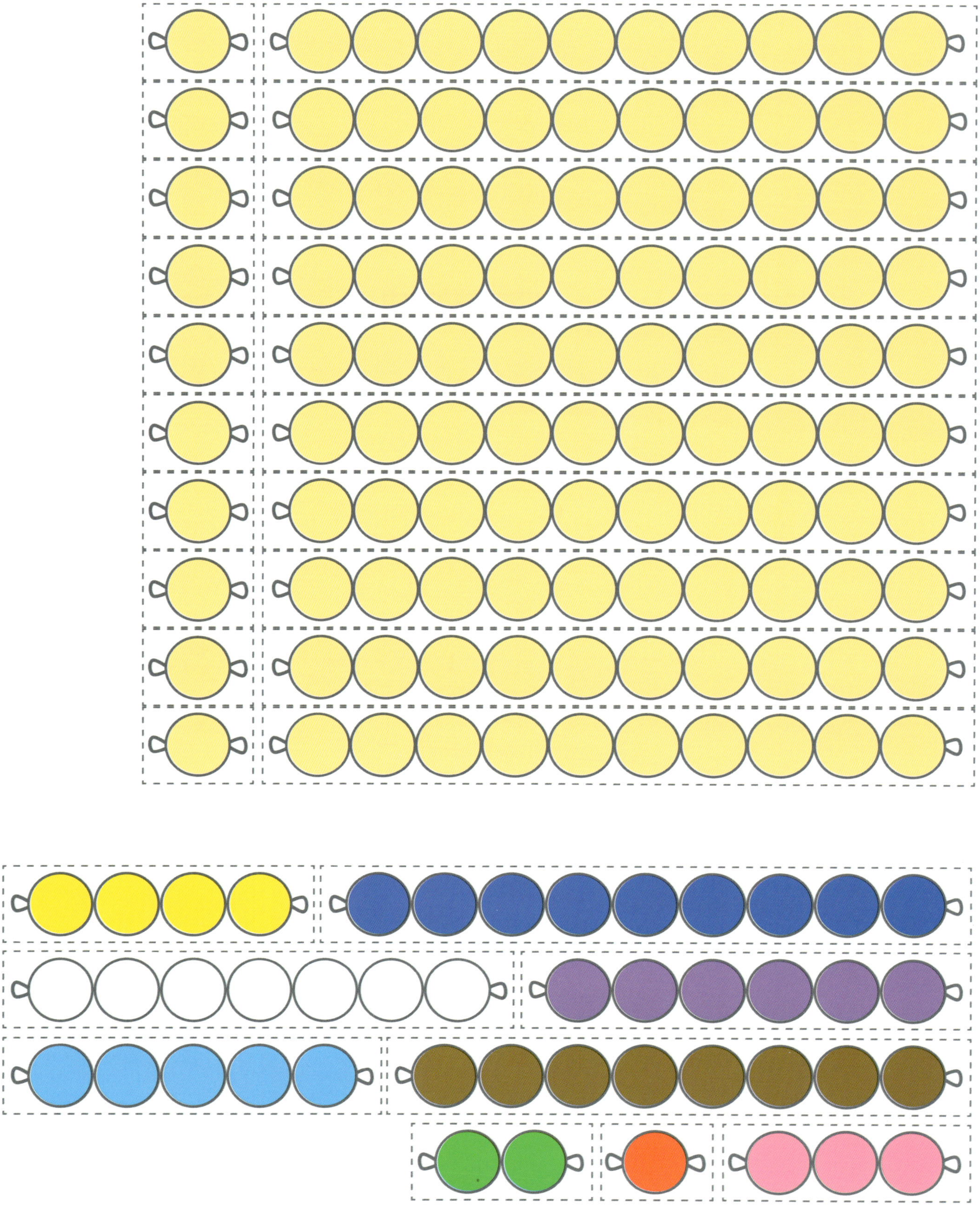

À DÉCOUPER

Mes cartes voiliers

À DÉCOUPER

Mes cartes voiliers